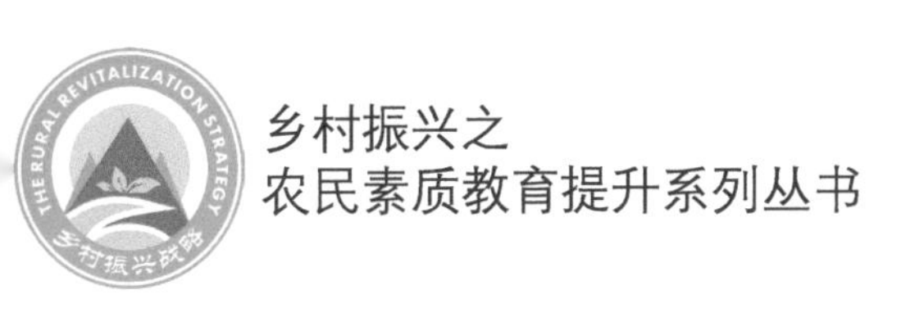

乡村振兴之
农民素质教育提升系列丛书

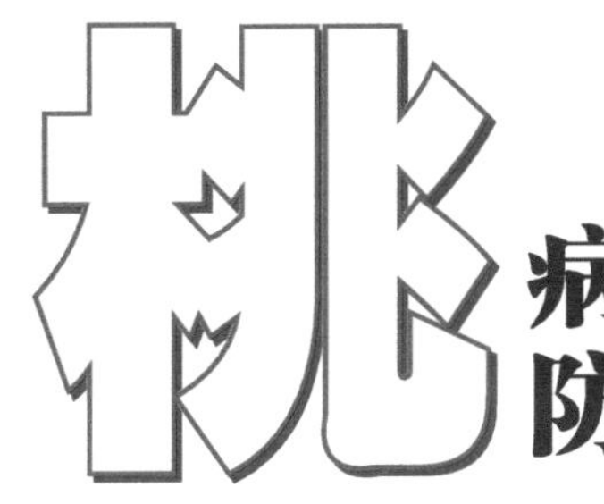

桃病虫害诊断与防治彩色图谱

◎ 鲍金平　吴英俊　主编

中国农业科学技术出版社

图书在版编目（CIP）数据

桃病虫害诊断与防治彩色图谱 / 鲍金平，吴英俊主编. —北京：中国农业科学技术出版社，2020. 1（2025. 4 重印）

（乡村振兴之农民素质教育提升系列丛书）

ISBN 978-7-5116-4570-8

Ⅰ. ①桃… Ⅱ. ①鲍… ②吴… Ⅲ. ①桃—病虫害防治—图谱 Ⅳ. ①S436.621-64

中国版本图书馆 CIP 数据核字（2019）第 279449 号

责任编辑 徐 毅
责任校对 马广洋

出 版 者 中国农业科学技术出版社
北京市中关村南大街12号 邮编：100081
电 话 （010）82106636（编辑室）（010）82109702（发行部）
（010）82109709（读者服务部）
传 真 （010）82106631
网 址 http: // www.castp.cn
经 销 者 全国各地新华书店
印 刷 者 北京捷迅佳彩印刷有限公司
开 本 880mm×1 230mm 1/32
印 张 3.375
字 数 105千字
版 次 2020年1月第1版 2025年4月第4次印刷
定 价 30.00元

《桃病虫害诊断与防治彩色图谱》

编委会

主　编　鲍金平　吴英俊

副主编　鲍英杰　桑荣生　钟建军

编　委　李湘萍　许　梅　赵中流　林更生

PREFACE 前　言

桃是我国栽培的主要水果之一，因其管理方便、产量高，营养丰富、味道鲜美，备受人们的重视和喜爱。近年来，我国桃产业呈持续发展势头，成为许多地区农民增收致富的重要产业。然而，随着桃栽培面积和范围的不断扩大，生产中不同程度的出现了许多这样那样的问题，其中，种植者对病虫害绿色防控技术的需求显得尤为迫切。因此，在中国农业科学技术出版社的积极筹措下，我们组织编写了本书。

本书以桃树病虫害绿色防控和生产安全优质桃果品为宗旨，针对目前生产中存在的对桃树病虫害辨识不清、用药不对症、防治效果不佳等问题，精选了对桃产量和品质影响较大的24种侵染性病害、8种生理性病害和28种虫害，以彩色照片配合文字辅助说明的方式从病害（虫害）为害症状特征、发生规律和防治方法等方面进行详细阐述，以利于广大种植者和农技人员能正确地诊断、科学地防治桃树病虫害。

本书通俗易懂、图文并茂、科学实用，适合各级农业技术人员和广大农民阅读，也可作为植保科研、教学工作者的参考用书。需要说明的是，由于我国桃树种植区域广阔，气候条件和地理环境差异大，书中描述的病虫害发生时间和代数只是一个大致规律，不能和各地一一对应，请读者谅解。此外，书中推荐的农药使用量及浓度，会因为桃的生长区域、品种及栽培方式等不同而有一定的差异，在实际应用中，建议以所购买产品的使用说明书为准。

本书在编写过程中参考和引用了国内外专家的一些文献资料和图片，在此致以谢意！由于作者学识水平有限，书中不足之处在所难免，敬请广大读者批评指正。

编者

2019年6月

CONTENTS 目录

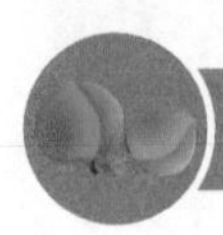

第一章
桃树侵染性病害防治

一、桃细菌性穿孔病

桃细菌性穿孔病是分布广、发病率高、严重为害桃树正常生长的一种烈性病害。在全国各桃产区均有发生，特别是在沿海、沿湖地区和排水不良的果园以及遇多雨年份，易严重发生。此病除为害桃树外，还侵害李、杏和樱桃等多种核果类果树。

【症状】

此病主要为害叶片，也能侵害枝条、果实。

◆叶片：初期为水渍状绿色小点，后扩大成圆形或不规则病斑，一般2～3毫米大小不一的紫褐色至黑褐色病斑，病缘呈水渍状并伴黄绿色晕环，干枯后病健界产一圈裂纹，脱落形成穿孔，或部分与叶片相连（图1-1）。

◆枝条：受害后，有两种不同的病斑，一为春季溃疡，二为夏季溃疡。

春季溃疡发生在上年抽发的夏枝上，当春季第一批新叶出现时，枝条上形成暗褐色小疱疹，直径约2毫米，后扩展长达5～10厘米，宽度多不超过枝条直径的一半，有时可造成枝枯。春末开花前后病斑表皮破裂，病菌渗出，开始传播。

夏季溃疡多于夏末发生，在当年的嫩枝上以皮孔为中心，形成水渍状暗紫色斑点。后形成圆形或椭圆形褐色至黑褐色病斑，略凹陷，边缘呈水渍状。病斑不易扩展，且很快干枯（图1-2）。

◆果：受害果面出现暗紫色圆形中央微凹陷病斑，空气湿度大时病斑上有黄白色黏质，干燥时病斑发生裂纹（图1-3）。

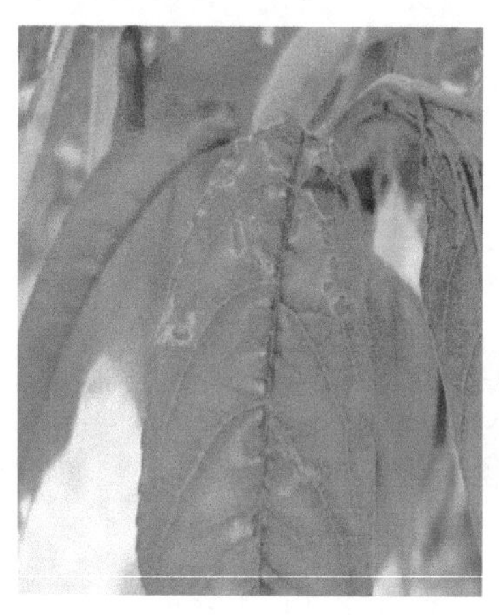

图1-1　叶片受害状

图1-2　枝条受害状

图1-3　果实受害状

【发病规律】

细菌性病害。以病原菌在病枝皮层组织内越冬，3月下旬至4月中旬产生分生孢子，随气温上升潜伏在组织内的细菌开始活动，开花前后病菌借风雨或昆虫传播，从皮孔、伤口侵入。一年中在5—6月发病较重，夏季干旱进程缓慢，雨季或多雾则发病严重，空气湿度高是细菌性穿孔病发生的重要条件。当气温15℃左右时，病部即可渗出胶液，随气温上升，树体流胶点增多。管理粗放、树体衰弱、偏施氮肥、均可诱发该病。黄桃系较白桃系感病。

【防治方法】

（1）加强管理。增施有机肥，切忌在地下水位高或低洼地建立桃园；少施氮肥，防止徒长；合理修剪改善通风透光条件，适时适度夏剪，剪除病梢，集中烧毁；冬季认真做好清园工作。

（2）避免混栽。应在离核果类果园较远的地方单独建园，不与核果类果树混栽。

（3）药剂防治。发芽前喷4～5波美度石硫合剂或1：1：100倍的波尔多液；5—8月喷20%噻菌铜悬浮剂600倍液、或用65%代森锌可湿性粉剂600倍液、或用20%噻唑锌悬浮剂300～500倍液等。

二、桃褐斑穿孔病

桃褐斑穿孔病是桃树常见的病害，各桃产区均有发生；主要为害桃、李、樱桃等核果类果树。

【症状】

此病主要为害叶片，也为害新梢和果实。

◆叶片：初期发生圆形或近圆形病斑，边缘紫色或红褐色略带环纹，大小1～4毫米；后期病斑上长出灰褐色霉状物，中部干枯脱落，形成边缘整齐的穿孔，穿孔多时，叶片脱落（图1–4）。

◆新梢、果实：症状与叶片类似，均产生灰褐色霉状物。

图1–4　叶片受害状

【发病规律】

真菌性病害。病菌以菌丝体在病叶或枝梢病组织内越冬，翌春气温回升、降水后产生分生孢子，借风雨传播，侵染叶片、新梢和果实。以后，病部产生的分生孢子进行再侵染。病菌发育温度7～37℃，适温25～28℃。低温多雨利于病害发生和流行。

【防治方法】

（1）农业防治。加强桃园管理，注意排水，增施有机肥，合理修剪，增强通透性。

（2）药剂防治。落花后，喷洒70%代森锰锌可湿性粉剂500～600倍液、或用70%甲基硫菌灵超微可湿性粉剂1 000倍液、或用37%苯醚甲环唑水分散粒剂4 000倍液、或用20%烯肟·戊唑醇悬浮剂1 000～1 500倍液，10～12天喷施1次，连喷2～3次。

三、桃霉斑穿孔病

桃霉斑穿孔病又名桃褐色穿孔病，主要为害桃树。

【症状】

此病主要为害叶片、花果、枝梢。

◆叶片：初期紫色或紫红色圆形病斑，渐扩大为直径2～6毫米近圆形或不规则形，后变为褐色，湿度大时，在叶背长出黑色霉状物。幼叶受害后大多焦枯，不形成穿孔（图1–5）。

◆枝梢：以芽为中心形成长椭圆形边缘紫褐色病斑，并发生裂纹和流胶。

◆花梗：发病后未开花即干枯脱落。

◆果实：病斑小而圆，初期紫色，后逐渐变为褐色，边缘红色，凸起后变粗糙（图1–6）。

图1–5　叶片受害状

图1–6　果实受害状

【发病规律】

真菌性病害。病原菌以菌丝或分生孢子在被害叶、枝梢或芽内越冬，来年产生分生孢子，借风雨传播，先从幼叶上侵入，产生新的孢子后再侵入枝梢或果实。该病菌潜育期因温度高低不同差异比较大，日均温19℃时为5天，日均温1℃时则为34天，低温多雨利其发病和流行。黏核品种发病重于离核品种。

【防治方法】

（1）农业防治。加强桃园管理，增强树势，提高树体抗病力；增施有机肥，避免偏施氮肥，采用配方施肥技术；对地下水位高或土壤黏重的，要改良土壤，及时排水；合理整形修剪，及时剪除病枝，彻底清除病叶，集中烧毁或深埋；选用抗病耐病品种。

（2）药剂防治。落花后，喷洒70%代森锰锌可湿性粉剂500～600倍液、或用80%戊唑醇水分散粒剂4 000～5 000倍液、或用70%甲基硫菌灵可湿性粉剂1 000倍液、或用37%苯醚甲环唑水分散粒剂4 000倍液等，10～12天喷施1次，连喷2～3次。

四、桃黑星病

桃黑星病又称桃疮痂病、黑痣病，我国各桃产区均有发生。该病除为害桃树外，还为害杏、李、梅等核果类果树。

【症状】

此病主要为害果实，也能侵害叶片和新梢。

◆果实：多发于肩部并产生圆形暗褐色小点，后逐步扩大至2～3毫米，呈黑色痣状斑点，严重时病斑聚合成片。一般仅限于表皮组织不侵入果肉。当病部组织坏死时，果实仍继续生长，病斑处常出现龟裂，呈疮痂状，严重时造成落果（图1-8、图1-9）。

◆枝梢：枝梢受害后，病斑呈长圆形浅褐色，以后变为灰褐色至褐色，周围暗褐色至紫褐色，有隆起，常发生流胶（图1-7）。

◆叶片：始发于叶背，呈不规则多角形灰绿色病斑，后干枯脱落，形成穿孔，严重时引起落叶。叶脉发病呈暗褐色长条形病斑。

图1-7　枝条受害状

图1-8　果实受害初期

图1-9　果实受害后期

【发病规律】

真菌性病害。病原菌以菌丝体在枝梢的病部越冬，翌年4月下旬至5月中旬形成分生孢子，为初侵来源。病原菌经风雨传播，直接穿透寄主表皮侵入。4—6月多雨潮湿发病重，地势低洼潮湿、果园栽植过密或树冠郁闭也利于发病。果实在6月开始发病，7月为盛发期。因此，早熟品种发病轻，晚熟品种发病较重，油桃因果面无毛病菌易侵入发病重。该病的发生与气候、果园地势及品种有关，特别是春季和初夏及果实近成熟期的降水量是影响该病发生和流行重要条件，此间若多雨潮湿则易发病。

【防治方法】

（1）农业防治。种植抗病早熟品种，如极早红、千年红和燕红等；结合冬剪，剪除病枝梢，带出园外烧毁，消灭越冬病源；重视夏剪，加强内膛修剪，促进通风透光，降低果园湿度；栽植密度合理，树形适宜，防止树冠郁闭；6月初开始果实套袋。

（2）药剂防治。开花前喷波美5度石硫合剂或45%晶体石硫合剂30倍液，铲除枝梢上的越冬菌源；落花后15天喷药，常用药剂有70%代森锰锌可湿性粉剂500倍液、12.5%腈菌唑水乳剂2 000倍液、10%苯醚甲环唑水分散粒剂1 000～1 500倍液、或用70%苯醚·咪鲜胺可湿性粉剂4 000～5 000倍液。以上药剂交替使用，每隔10～15天防治1次，共防治3～4次；套袋前喷施1次。

五、桃褐腐病

桃褐腐病又名菌核病，是桃树上的重要病害之一，在我国各桃产区均有发生，尤以华东沿海及滨湖地带受害重。在多雨年，遇蛀果类害虫严重发生时，可造成毁灭性损失。该病侵染为害桃、李、杏、樱桃等核果类果树。

【症状】

此病主要为害果实，也为害花、叶和枝梢。

◆花：春季最先出现的症状是花朵腐烂，常从雄蕊及花瓣尖端开始，先发生褐色水渍状斑点，后渐延至全花，以至变褐萎蔫，天气潮湿时，病花迅速腐烂，表面丛生灰霉，若天气干燥时则萎垂干枯，残留枝上，长久不脱落（图1-10）。

图1–10　花受害干枯不脱落

◆嫩叶：受害从叶缘开始变褐，很快扩至全叶，致使叶片枯萎，残留于枝上。

◆嫩枝：由病花组织中的菌丝蔓延发病，受害形成长圆形、梭形溃疡斑，边缘紫褐色，中央稍凹陷、灰褐色，边缘常流胶。天气潮湿时，病斑上长出灰色霉层。当病斑绕枝一周时，引起上部枝梢干枯。

◆枝干：受害是由病花、病叶柄蔓延而至，初形成椭圆或梭形褐色凹陷病斑，边缘明显，常易流胶并有灰色霉层，当病斑环切时，上部枝梢枯死。

◆果实：从幼果至成熟期都可受害，以近成熟期受害最重。

最初在果面产生褐色圆形病斑，后果肉变褐软腐，孢子丛常呈同心轮纹状排列（图1–11）。病果腐烂后易脱落，但不少失水后形成僵果而挂于树上，至翌年也不落。

幼果被害，除了虫伤果可能腐烂以外，一般不出现果腐症状。呈现黑色小斑点，后来病斑木栓化，表面龟裂，严重时病果变褐，干腐，最后变成僵果（图1–12）。

图1–11　病果孢子丛呈同心轮纹状排列

图1–12　幼果受害成僵果

【发病规律】

真菌性病害。病菌主要以菌丝体在树上及落地的僵果内或枝梢的溃疡斑部越冬，翌春产生大量分生孢子，借风雨、昆虫传播，通过病虫伤、机械伤或自然孔口侵入。在适宜条件下，病部表面产生大量分生孢子，引起再次侵染。在贮藏期内，病健果接触，可传染为害。

花期低温、潮湿多雨，易引起花腐。果实成熟期温暖多雨雾易引起果腐。病虫伤、冰雹伤、机械伤、裂果等表面伤口多，会加重该病的发生。树势衰弱，管理不善，枝叶过密，地势低洼的果园发病常较重。果实贮运中如遇高温、高湿，利于病害发展。一般成熟后质地柔嫩，汁多，味甜，皮薄的品种比较感病。

【防治方法】

（1）农业防治。冬季修剪时彻底消除树上的病梢、枯枝和僵果，集中销毁以减少越冬菌源；桃园内不要间作油菜、莴苣等易感染菌核病的作物；加强果园管理，增强树势，降低园内湿度，增施磷钾肥，提高树体抗病能力等。

（2）药剂防治。芽膨大期喷3～5波美度石硫剂，花后10天和果实易感病的4月下旬至5月是防治的关键时期，常用药剂有24%

腈苯唑悬浮剂2 500～3 000倍液、或用65%代森锌可湿性粉剂500倍液、或用10%苯醚甲环唑水分散颗粒剂1 000～1 500倍液等，每隔10～15天喷施1次，药剂交替使用。

六、桃炭疽病

炭疽病是桃树主要病害之一，分布于全国各桃产区，以南方桃产区受害最重。近年来严重为害桃树，直接影响桃产量和品质，部分品种发病后还引起大量的落花落叶落果，严重的全株死亡；该病主要为害桃树。

【症状】

此病主要为害果实，以幼果阶段受害最重，也能侵害叶片和新梢。

◆叶片：产生近圆形或不规则淡褐色的病斑，病健分界明显，斑上产生橘红色至黑色小粒点（图1-13）。

◆新梢：初期在表面产生暗绿色水渍状长椭圆病斑，后渐变为褐色，边缘带红褐色，略凹陷，潮湿时表面亦长出橘红色小粒点；多向一侧弯曲，叶片下垂纵卷成筒状。严重时，病枝常枯死。

◆幼果：果面呈暗褐色，发育停滞，萎缩硬化形成僵果。

◆硬核前幼果：果面上发生褐绿色水渍状病斑，以后病斑扩大凹陷，并产生粉红色黏质的孢子团，受害幼果发育停滞，逐渐萎缩硬化，形成僵果残留于枝上。

◆果实膨大期：果面初呈淡褐色水渍状病斑，后渐扩大，变为红褐色，圆形或椭圆形稍凹陷，有明显的同心环纹状皱纹；湿度大时，病部产生橘红色黏质小粒点。

◆近成熟果实：形成圆形或椭圆形的红褐色病斑，病斑常连成不规则大斑，显著凹陷，后期产生的橘红色黏质小粒点几

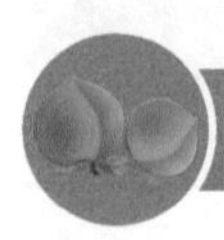

乎覆盖整个果面，并有明显的同心环状皱纹，多数病果软腐脱落（图1–14）。

图1–13　叶片受害状

图1–14　果实受害状

【发病规律】

真菌性病害。以菌丝体在病梢组织内越冬，也可以在树上的僵果中越冬。翌年春季形成分生孢子，借风雨或昆虫传播，侵害幼果及新梢，引起初次侵染。以后于新生的病斑上产生孢子，引起再次侵染。病菌生长的最适温度为25℃，低于12℃或高于33℃时很少发生。早春桃树开花及幼果期低温多雨，有利发病；果实成熟期遇温暖、多雾、高湿环境发病重。

【防治方法】

（1）合理建园。切忌在低洼、排水不良地段建桃园。

（2）加强管理。多施有机肥和磷钾肥，适时夏剪，改善树体风光条件，摘除病果，冬剪病枝，集中烧毁。

（3）药剂防治。冬季修剪后喷波美3～5度石硫合剂，铲除病源；萌芽前喷1∶1∶100波尔多液；开花前、落花后、幼果期每隔10～15天，喷25%嘧菌酯悬浮剂1 200～1 500倍液或10%苯醚甲环唑水分散颗粒剂1 000～1 500倍液，或用75%肟菌·戊唑醇水分散粒剂3 500～4 000倍液等，药剂交替使用。

七、桃溃疡病

桃溃疡病又称缢痕溃疡病；主要为害桃、核桃、樱花、杏和梅等。

【症状】

此病主要为害新梢、树干等。

◆果：桃果被病菌侵染后，先是在果面上形成圆形小病斑，病斑稍凹陷，外围浅褐色，中央灰白色。以后病斑迅速扩展，凹陷加深。在潮湿条件下，病斑上产生灰白色霉层，此为病菌的分生孢子梗和分生孢子。后期病斑失水，其下的果肉质地绵软，污白色，似朽木。

◆梢：新梢受害，形成暗褐色斑溃疡（图1-15）。

◆叶：叶片受害，病斑近圆形，灰褐色。

图1-15　新梢受害状

【发病规律】

真菌性病害。病菌以菌丝体、子囊壳、分子孢子器在枝干病组织，地面上的落叶、烂果上或土壤中越冬。翌年春季孢子从伤口枯死部位侵入寄主体内，形成分生孢子器和分生孢子，在适宜条件有可再次侵染。病果是远距传播的主要途径。

【防治方法】

（1）农业防治。合理负载，不要让树体负担过重造成树势衰弱；增施有机肥、磷、钾肥和微量元素肥料；避免、减少枝干的伤口，并对已有伤口妥为保护、促进愈合；彻底防治枝干害虫，如吉丁虫、透羽蛾、天牛等；防止冻害和日烧，可进行树干涂白、捆草、遮盖等。

（2）药剂治疗。4—6月，使用20%噻菌铜悬浮剂600倍液或65%代森锌可湿性粉剂600倍液或70%甲基硫菌灵可湿性粉剂1 000倍液喷雾预防；已发病的，刮去病斑组织后，伤口涂溃腐灵原液或噻霉酮软膏。

八、桃白粉病

白粉病是一种非常普遍的病害，南北各桃产区均有发生；除了桃，还侵害、苹果、梨、杨、核桃、杏、桑等树种。

【症状】

此病主要为害叶片、新梢，有时为害果实。

◆果：5月开始出现白色、圆形菌丛，直径1～2厘米，粉状（图1-16）；后病斑扩大，占1/2果面；果皮表面组织坏死，形成病斑并变浅褐色，后病斑稍凹陷、硬化。

◆叶：9月后叶背面呈现白色、边缘不清晰的近圆形菌丝丛，表面有黄绿色；严重时，菌丝丛覆盖全部叶面。幼叶受害，叶面不平，呈波状。

◆梢：新梢染病，在老化前也出现白色菌丝。

【发病规律】

真菌性病害。病原菌以子囊壳或菌丝越冬，第二年春天放出子囊壳作为初侵染源。

图1–16　幼果受害症状

【防治方法】

（1）农业防治。秋天落叶后及时清洁果园，将落叶集中销毁，以消灭越冬病原菌。

（2）药剂防治。发芽前全园喷布波美3～5度石硫合剂，杀灭越冬病原菌；发芽后、开花前、落花后各喷药1次药剂防治，可用12.5%烯唑醇可湿性粉剂2 000～2 500倍液，或用30%氟菌唑可湿性粉剂1 500～2 000倍液，或用15%三唑酮可湿性粉剂1 500～2 000倍液，或用20%烯肟·戊唑醇悬浮剂1 000～1 500倍液等。

九、桃缩叶病

桃缩叶病在我国南、北方均普遍发生，尤其在高湿地区发生严重；主要为害桃树，也为害杏和扁桃。

【症状】

此病主要侵害叶片，严重时也可以为害花、幼果和新梢。

◆叶片：嫩叶刚伸出时就显现卷曲状，颜色发红，之后卷曲及皱缩的程度加重，致全叶呈波纹状凹凸，严重时叶片完全变形

（图1–17）。病叶较肥大，厚薄不均，质地松脆，呈淡黄色至红褐色；后期在病叶表面长出一层灰白色粉状物，病叶最后干枯脱落。

◆枝梢：新梢受害呈灰绿色或黄色，比正常的枝条短而粗，其上病叶丛生，受害严重的枝条会枯死。

◆花和幼果：受害后多数脱落，故不易觉察。未脱落的病果，发育不均，有块状隆起斑，黄色至红褐色，果面常龟裂，不久后脱落。

图1–17　叶片受害状

【发病规律】

真菌性病害。以子囊孢子或芽孢子在芽鳞片上或潜入鳞片缝内越冬。翌年春季萌芽时侵染嫩芽幼叶引起发病。初侵染发病后产生新的子囊孢子和芽孢子，通过风雨传播到桃芽鳞片上并潜伏在内进行越冬，当年一般不发生再侵染。

桃缩叶病的发生与春季桃树萌芽展叶期的天气密切有关，低温、多雨潮湿的天气延续时间长，发病就重；若早春温暖干旱，发病就轻。一般早熟品种较中、迟熟品种发病重。该病菌侵染最适温度为10～16℃。

【防治方法】

（1）药剂防治。在早春桃芽开始膨大但未展开时，喷洒波美3～5度石硫合剂1次。发病初期喷10%苯醚甲环唑水分散颗粒剂1 000～1 500倍液或70%甲基硫菌灵可湿性粉剂1 000～1 200倍液。在发病很严重的桃园，由于果园内菌源量大，可在当年桃树落叶后（10—11月）喷洒40%氟硅唑乳油8 000倍液1次，以杀死附在冬芽上的大量芽孢子。

（2）摘除病叶。喷药后如有少数病叶出现，应及时摘除，集中销毁，以减少翌年的菌源。

（3）加强管理。发病重的园要增施有机肥料，施好追肥和叶面肥等，以促使树势恢复。

十、桃煤污病

桃煤污病又名煤烟病，是桃树上常见的表面滋生性病害；多种果木上均有发生。

【症状】

此病主要为害叶片，也为害果实和枝条。

叶片染病，被害处初呈污褐色圆形或不规则霉点，后形成煤烟状黑色霉层，部分或布满叶面、果面及枝条（图1-18、图1-19）。严重时，看不见绿色叶片及果实，影响光合作用，降低果实商品价值，并导致桃树早落叶。

【发病规律】

真菌性病害。病菌以菌丝体和分生孢子在病叶、土壤及植物残体上越冬。翌春产生分生孢子，借风雨或蚜虫、介壳虫和粉虱等昆虫传播蔓延。湿度大、通风透光差以及蚜虫等刺吸式口器昆虫多的果园，往往发病重。

图1-18　叶片受害状

图1-19　果实受害状

【防治方法】

（1）农业防治。改善桃园小气候，雨后及时排水，做好生长季节修剪，避免枝梢郁闭；及时防治蚜虫等刺吸式口器害虫。

（2）药剂防治。发病初期，可选用75%百菌清可湿性粉剂600～800倍液，或用50%腐霉利可湿性粉剂1 000～1 500倍液，或用80%克菌丹水分散粒剂800倍液等。

十一、桃褐锈病

桃褐锈病又称桃锈病，在全国各地均有发生；主要为害桃、梅、李、樱桃树等，转主寄主为白头翁和唐松草。

【症状】

此病主要为害叶片，尤其是老叶及成长叶，也为害枝干和果实。

◆叶片：叶正反两面均可受侵染，先侵染叶背，后侵染叶面。6月叶背出现小圆形褐色疱疹状斑点，稍隆起，破裂后散出黄褐色粉末（图1-20）。在病斑相对的叶正面，发生红黄色、周缘不明显的病斑。叶面染病产生红黄色圆形或近圆形病斑，边缘不清晰（图1-21）。严重时，叶片常枯黄脱落。

◆枝干：新梢于5月开始产生淡褐色病斑。

◆果实：病斑呈褐色至浓褐色，椭圆形，大小3～7毫米，病斑中央部稍凹陷，后期病斑向果肉内部纵深发展，并出现深的裂纹。

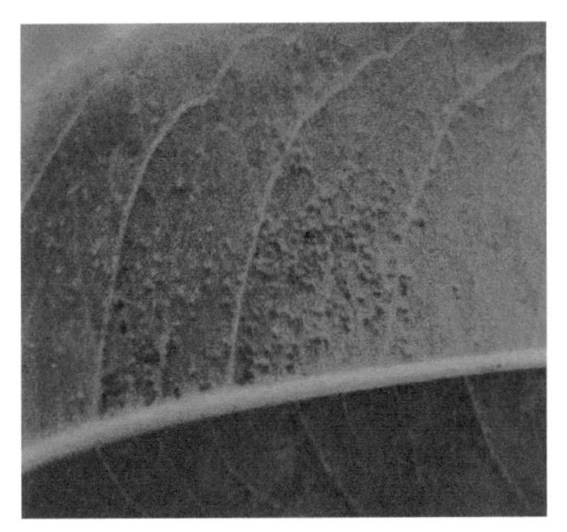

图1-20　叶背症状

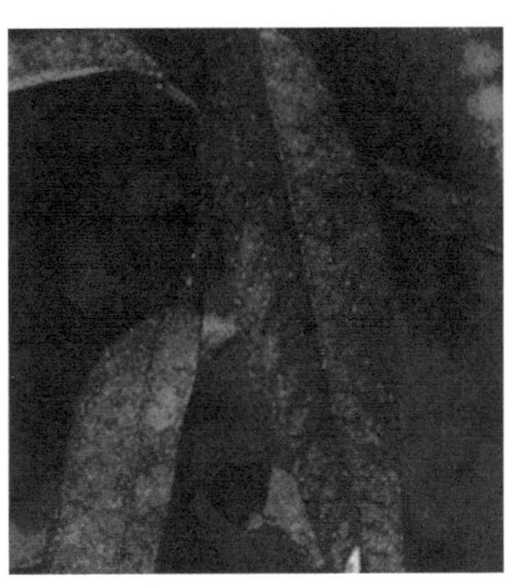

图1-21　叶面症状

【发病规律】

真菌性病害。此病发生于秋季，能引起早期落叶。病菌为一种全孢型转主寄生锈菌，以冬孢子在落叶上越冬，南方温暖地区则以夏孢子越冬。6—7月开始侵染，8—9月进入发病盛期。

【防治方法】

（1）清除病源。结合冬季清园，认真清除落叶，铲除转主寄主，集中销毁或深埋。

（2）药剂防治。发芽前喷布3～5波美度石硫合剂或45%晶体石硫合剂30倍液；落花后10天左右喷布80%代森锰锌可湿性粉剂600～800倍液，或用25%三唑铜可湿性粉剂1 500倍液，或用65%代森锌可湿性粉剂500倍液。发生严重的地区，在初花期（花开约20%时）需要加喷药1次。

十二、桃实腐病

桃实腐病又名桃腐败病、桃实烂顶病，主要为害桃。

【症状】

此病主要为害果实，也会为害枝干。

◆果实：初发病时，果面先出现褐色水渍状斑点，后病斑扩大，果肉腐烂，直达果心。感病部位的果肉也为黑色、且变软有发酵味。最后病斑失水干缩形成僵果，但中央不皱缩，较周围隆起，似龟甲状。干缩的病斑中央污白色，边缘灰黑色，其上密生小粒点（图1-22）。该病仅为害近成熟期的果实，多发生在桃果的顶尖或缝合线处。在晚熟品种桃上发病较为严重。

◆枝干：病菌侵染枝干，造成枝干枯死或流胶。

图1-22　果实受害状

【发病规律】

真菌性病害。病原菌以分生孢子器在僵果或落果中越冬，第二年春天产生分生孢子，借风雨传播，侵染果实。果实近成熟时，桃园密闭不透风、树势弱的病情更重。

【防治方法】

（1）清除病原。彻底清除僵果，剪除病枝，集中销毁或深埋，减少越冬菌源。

（2）加强管理。改善果园通风透光条件，注意排水；及时防治害虫，减少伤口，减轻病害；5月中旬进行套袋，保护果实。

（3）药剂防治。发芽前喷3～5波美度石硫合剂；谢花后10天左右喷65%代森锰锌500倍液，或用50%苯菌灵可湿性粉剂1 500倍液，或用50%腐霉利可湿性粉剂1 000～1 500倍，或用70%基甲硫菌灵可湿性粉剂1 000～1 200倍液。每12～15天喷药1次，直至采前1个月停止喷药。

十三、桃疫腐病

桃疫腐病又称桃颈腐病，除为害桃外，还可侵染苹果、梨等果树。

【症状】

此病为害桃的枝干、叶片、花和果实。

◆枝干：在幼树主干基部近地面5厘米左右有圆形或不规则形病斑，病部树皮呈黑褐色，皮层组织坏死、干缩凹陷。当根颈部皮层腐烂一圈时，地上部枝干枯死。

◆叶片：叶片窄小，生长不良，后期产生不规则的灰褐色或暗褐色病斑，水渍状，多从叶边缘或中部发生，潮湿时病斑迅速扩展使全叶腐烂。

◆花器：花期提前，花色较深。

◆果实：病果小，初期产生淡褐色斑点，边缘不清晰，扩大后病斑不规则，呈深浅不均的暗红褐色病斑。有时病斑部分表皮与果肉分离，外表似白蜡皮状，病斑扩及全果时果形不变，病果裂缝和病组织空隙处生出白色毛状的菌丝体（图1–23）。

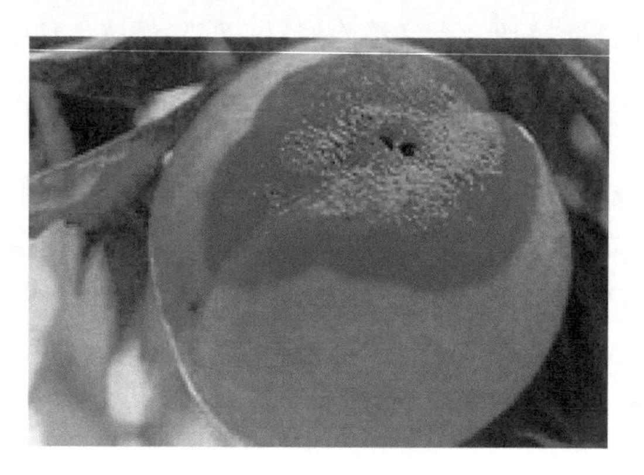

图1–23　桃疫腐病

【发病规律】

真菌性病害。病原以孢子或菌丝体随病组织在土壤中越冬，第二年随地面流水、雨水传播，由皮孔、伤口侵入树体。树干基部嫁接口、机械伤口、冻伤是病原的主要侵染点。春雨多、降雨频繁的年份和土壤黏重、排水不良的桃园发病重，树势衰弱及耕作时造成机械伤口多的桃树发病重。

【防治方法】

（1）农业防治。做好桃园排水，确保雨季不积水；春季土壤解冻后，将根颈部土壤扒开，晾晒根颈部，降低湿度；加强栽培管理，增施有机肥，确保树体营养平衡；对病死树及时挖除，并带出园外销毁，同时，对原树穴、土壤进行消毒处理。

（2）刮除病斑。春季检查根颈部皮层，发现病斑进行彻底刮治，伤口涂抹噻霉酮软膏，隔7天涂1次，连涂2～3次。

（3）药剂防治。根茎发病植株，用3%噻霉酮可湿性粉剂200～300倍液浇灌根颈部，每株5～10千克，病株周围的健株也浇灌；防治叶和果实上的病害，于谢花后10天左右喷50%腐霉利可湿性粉剂1 000～1 200倍液、或用25%嘧菌酯悬浮剂1 500倍液、或用30%戊唑·多菌灵悬浮剂800～1 000倍液等，每12～15天喷1次，共2～3次。

十四、桃灰霉病

桃灰霉病除为害桃外，也可侵染桃、杏等果树。

【症状】

此病主要为害花、幼果和成熟果。

◆花及幼果：花片及花托易受侵染，并附着在幼果上，引起幼果发病。幼果上病斑初为暗绿色、凹陷，后引起全果发病，造成落果。

◆成熟果实：果面出现褐色凹陷病斑，很快整个果实软腐，长出鼠灰色霉层，不久在病部长出黑色块状物（图1-24）。

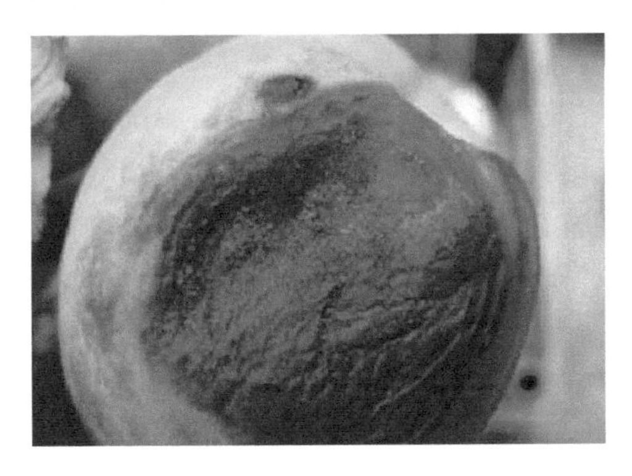

图1-24　桃灰霉病

【发病规律】

真菌性病害。病原菌以菌丝或菌核分生孢子在病残体上或遗留在土壤中越冬，借风雨、灌水或农事操作传播。翌年春季温度回升至15℃以上，遇降水或湿度大时产生新的分生孢子，此时正值花期和幼果期，开始当年的初侵染。光照不足、高湿、较低温（20℃左右）是灰霉病蔓延的重要条件。花期春雨连绵和不太高的气温最容易诱发灰霉病的流行，造成大量花腐烂脱落。初着幼果也因受侵染生长受阻而脱落。果实逐渐膨大便很少发病，果实近成熟或成熟期，遇阴雨天气又可发生严重为害，造成大量烂果。

皮薄、汁液多、糖度高、成熟期软化速度快的水蜜桃品种发病重；黏性、酸性重的红黄壤桃园发病重；管理粗放、杂草丛生、整形修剪程度低、树冠郁闭、偏施氮肥和排水不良的桃园发病重；温室及大棚桃树发病重。

【防治方法】

（1）清除病原。结合其他病害的防治，彻底清园和搞好越冬休眠期的防治。

（2）加强管理。控制速效氮肥的使用，防止枝梢徒长，抑制营养生长，对过旺的枝蔓进行适当修剪；搞好果园的通风透光，降低湿度。

（3）药剂防治。花前和谢花后喷2～3次药剂预防，可使用25%嘧霉胺可湿性粉剂500～600倍液、或用50%啶酰菌胺水分散粒剂1 200～1 500倍液、或用50%异菌脲可湿性粉剂1 000～1 500倍液等。早熟、中熟桃在成熟前20～30天再喷药1～2次。

十五、桃黑斑病

桃黑斑病在国内分布广泛，主要为害桃。

【症状】

此病主要为害果实，也为害叶片和枝梢。

◆嫩叶：病斑褐色，多角形。在较老叶片上病斑呈圆形，中央灰褐色，边缘褐色，有时外围有黄色晕圈，中央灰褐色部分有时形成穿孔，严重时病斑互相连接。有时叶柄上亦出现病斑。

◆枝梢：病斑长形，褐色，稍凹陷，严重时病斑包围枝条使上部枯死。

◆果实：一般先从桃果顶尖发病（图1-25），受害时表皮初现小而稍隆起的褐色软斑，后迅速扩大渐凹陷变黑，外围有水渍状晕纹，严重时果仁变黑腐烂。老果受侵直达外果皮。

图1-25　桃黑斑病

【发病规律】

真菌性病害。病原菌没有固定越冬场所，主要通过气流和风雨传播，从伤口及衰弱组织侵染为害。多从开花期开始侵染，谢花期至花后40天为侵染高峰。果实症状最早在7月中旬开始出现，大部分病果出现在7月下旬以后。一般在雨后4～15天发病重；成龄树发病重，树体上部病果较多；果实缺钙是诱发黑斑病的主要因素，土壤瘠薄，偏施氮肥，果园郁闭，通风透光不良等，均可加重该病发生。

【防治方法】

（1）越冬管理。落叶后树干、树枝上涂抹护树将军阻碍病菌在树体上繁衍，保温、消毒防霜冻，同时，喷洒护树将军进行全园消毒。

（2）伤口保护。对于一些修剪口、伤口要及时的涂抹愈伤防腐膜，保护伤口，防止病菌侵入、雨水污染。

（3）药剂防治。在发病前，使用80%代森锰锌可湿性粉剂600～800倍液、或用40%嘧霉胺可湿性粉剂800～1 000倍液、或用25%咪鲜胺水乳剂500～800倍液，或用20%烯肟·戊唑醇悬浮剂1 000～1 500倍液等防治。

十六、桃枯梢病

桃枯梢病主要为害桃树。

【症状】

此病主要发生在新梢上，也会为害果实。

◆新梢：发病初期在新梢上产生褐色、油浸状病斑，后很快扩展，使新梢全部变褐，叶片干枯，从最初的发病处新梢干枯下垂，后期病斑表面产生灰黑色小点（图1-26）。

图1-26 新梢变褐干枯

◆果实：果实发病产生轮纹状湿润褐色病斑，后期也可产生灰黑色小点，湿度高时喷出黄色孢子块。

【发病规律】

真菌性病害。病原菌以分生孢子器及菌丝在病枝上越冬，第二年以分子孢子侵染植株，5—6月降水时侵染较多，7月温度升高时发病加重。

【防治方法】

（1）农业防治。结合修剪，剪除病枝，清扫地上落叶，拿出园外销毁。

（2）药剂防治。谢花后10～15天开始喷药，连喷1～2次即可有效防治，常用药剂有80%代森锰锌可湿性粉剂600～800倍液，或用25%嘧菌酯悬浮剂1 500倍液，或用50%苯菌灵可湿性粉剂1 000～1 200倍液，或用75%百菌清可湿性粉剂600～800倍液等。

十七、桃干腐病

桃干腐病又名真菌性流胶病，是桃树枝干上的一种重要病害。此病在长江中下游省份发生比较严重。严重发生时，造成树势极度衰弱，常常引起整个侧枝或全树枯死，对产量有很大影响。

【症状】

桃树干腐病大多发生在树龄较大的桃树主干和主枝上。发病初期，病斑以气孔为中心突起，暗褐色，表面湿润。病斑皮层下有黄色黏稠的胶液。病斑长形或不规则形，一般局限于皮层，但在衰老的树上可深入到木质部（图1-27）。以后发病部位逐渐干枯凹陷，黑褐色，并出现较大的裂缝。多年受害的老树，树势极度衰弱，严重的引起整个侧枝或全树枯死。

图1-27　发病后期症状

【发病规律】

真菌性病害。病菌以菌丝体、子座在枝干病组织内越冬，第二年4月产生孢子，借风雨传播，通过伤口或皮孔侵入。病菌发育温度为24～38℃，孢子萌发最适温为25～30℃，温暖多雨天气有利于发病。当温度较高时，病害发展受抑制，如南方在7月下旬后停止发病。干腐病菌是一种弱寄生菌，只能侵害衰弱植株，一般树龄较大、管理粗放及树势弱的果园发病较重。

【防治方法】

（1）加强管理。增施有机肥料，增强树势，提高抗病力；做好冬季清园工作，收集病死枝干集中销毁；及时做好树干害虫的防治工作，减少伤口，防止发病。

（2）刮除病斑。此病为害初期一般仅限于表层，开春后要加强检查，及时刮除病斑。刮除后，用402抗菌剂50倍液消毒伤口，再外涂波尔多液保护。

（3）药剂防治。发病较重的果园，在桃树发芽前，喷75%百菌清可湿性粉剂600～800倍液。生长期喷50%多菌灵可湿性粉剂800倍液或75%百菌清可湿性粉剂600～800倍液，或用70%苯醚・咪鲜胺可湿性粉剂4 000～5 000倍液等防治。喷药时要全面喷湿主干和大枝，以保护枝干，防止病菌侵入。

十八、桃腐烂病

桃腐烂病又名干枯病、胴枯病，是桃树上为害性很大的一种病害，分布于我国各桃产区。该病除为害桃树外，还为害杏、李、樱桃等核果类果树。

【症状】

此病主要为害桃树的主干、主枝和侧枝。

桃树被为害后，初期症状比较隐蔽，一般表现为病部稍凹陷，外部可见米粒大小的流胶，初为黄白色，渐变为褐色、棕褐色至黑色。胶点下的病皮组织腐烂，湿润、黄褐色，具酒精气味。病斑的纵向扩展比横向要快，不久即深达木质部。后期病部干缩凹陷，表面生有灰褐色针头状突起。当病斑扩展包围树主干一周时，病树就很快死亡（图1-28）。

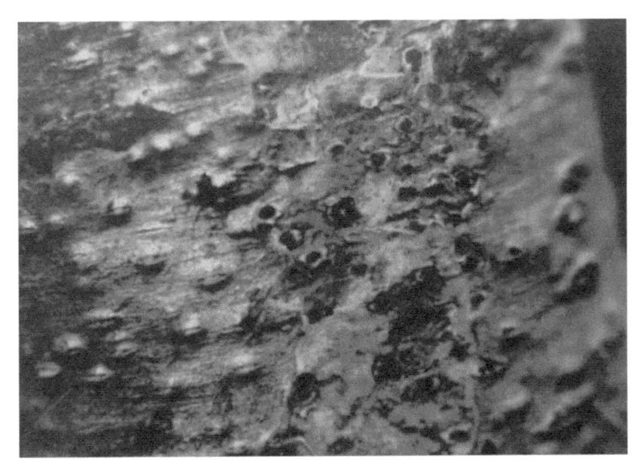

图1-28　桃腐烂病

【发病规律】

真菌性病害。病害的发展以春秋两季为适宜。秋末11月则进入休眠状态，翌年3—4月再行活动，5—6月是病害发展的高峰

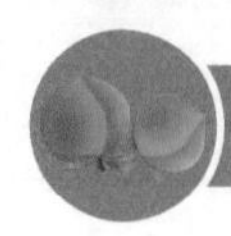

期。高温时，病害发展受到抑制。

冻害及管理粗放是该病发生的诱因，施肥不当及秋雨多的年份，桃树休眠推迟，使树体抗寒能力下降，易引起发病。另外，果园表层土浅、土地瘠薄的沙地，低洼排水不良及虫害重、结果过量，发病均重。

【防治方法】

（1）农业防治。加强管理，增强树势，提高树体抗病力；结合病斑刮治做好清园。

（2）药剂防治。用30%戊唑·多菌灵悬浮剂800～1 000倍液，于萌芽前喷洒直径3～4厘米以上的大枝，6月下旬至7月上旬用此药涂抹主干、基部主枝，涂药前最好刮除病斑及表面粗皮。

十九、桃根腐病

根腐病是桃的主要根部病害，除为害桃，还为害梨、苹果、杏、核桃、葡萄、柑橘等果树。

【症状】

从早春根部开始活动即在根部为害，地上部要到发芽展叶后才表现。病菌首先为害根毛、小根再蔓延至大根，先在须根基部形成红褐色圆斑，病部皮层腐烂，再扩大至整段根变黑死亡（图1-29）。病轻时，病根可反复产生愈伤组织和再生新根。

【发病规律】

真菌性病害。一般在夏秋季节侵染，第二年桃树开花展叶后，树上表现为叶黄、叶缘干枯变褐，叶片脱落。有的树到4月下旬或5—6月全树叶片突然萎蔫，或一大枝叶片突然萎蔫；有的树上秋末叶片发黄，但不易引起人们注意。以下因素会诱发根腐病发生：干旱或浇水过多，导致根系活力减弱；结果过量，而肥力投入不足，导致树体衰弱；桃园前茬栽过杨树、杨槐或种过红薯、生地等，这些植物的残留根系腐烂后也可导致根腐病；冬季极端低温，使桃树生理循环受阻；偏重氮肥，而磷、钾不足，桃树的抗逆性下降。

图1-29　桃根腐病

【防治方法】

（1）农业防治。加强土肥水管理，增施有机肥和钾肥，合理灌溉，提高有机质含量，改善土壤结构；生长季节及时中耕除草保墒，活化土层；合理修剪，控制大小年，合理负载。

（2）晾根灌根。选晴好天气挖除病株四周表土，把根系挖掉一些，晾晒几天，然后在根部浇灌500倍的溃腐灵，再从无病的地把黄泥挖来，填到根的四周。

（3）适当重剪。病树上枝条适当重修剪，长结果枝进行短截，促发新枝梢，恢复树势。

二十、桃冠腐病

桃冠腐病又名颈腐病，是幼年桃树的主要病害之一；为害桃、梨、苹果等果树。

【症状】

此病主要为害桃苗、幼树和成树根茎部。

病部皮层呈褐色腐烂状，在皮下向上蔓延，可自枝杈下方直伸至侧枝，长度可达数百厘米，但表皮无明症状表现；病斑同侧的大枝生长不良发芽迟缓，同一树健枝正常花开花落，病枝乃含苞待放；当病部绕枝干一圈时，病部以上枝叶枯死（图1–30）。

图1–30　桃冠腐病

【发病规律】

真菌性病害。病菌以卵孢子、厚垣孢子及菌丝随病组织在土中越冬，病菌随雨水传播，通过伤口、皮孔侵染根颈部皮层，在皮下病菌蔓延扩展速度快。幼树春季生长后即开始扩展，病斑不断扩大。一般春雨多、降雨频繁的年份发病重；土壤黏质、排水不良，菜地改建桃园、幼龄树发病重。

【防治方法】

（1）合理建园。选择排水条件好的沙壤土地块建田园，避免用菜地改建桃园。

（2）刮除病斑。如发现桃树迟发芽时，要对根颈部检查，有侵染要及时刮除病部，然后涂抹杀菌消毒，防治病菌感染。

（3）晾根灌根。病株应扒根晾晒根颈部，重病区可用护树将军1 000倍液，或用58%甲霜·锰锌可湿性粉剂800～1 000倍液，或用40%三乙膦酸铝可湿性粉剂300倍液灌根。

二十一、桃根结线虫病

根结线虫病又称根瘤线虫病，是为害果树的重要根部病害。

【症状】

桃树感病后根部形成许多大小不等的瘤状物（虫瘿），剖开瘤状物可见到无色透明的小粒（根结线虫的雌虫），它刺激根部细胞引起肿瘤至腐烂（图1-31、图1-32），所造成伤口利于其他微生物的侵入。由于根部被破坏，影响根的吸收性能，导致地上部的生长受阻，植株矮小，逐渐萎蔫枯死。

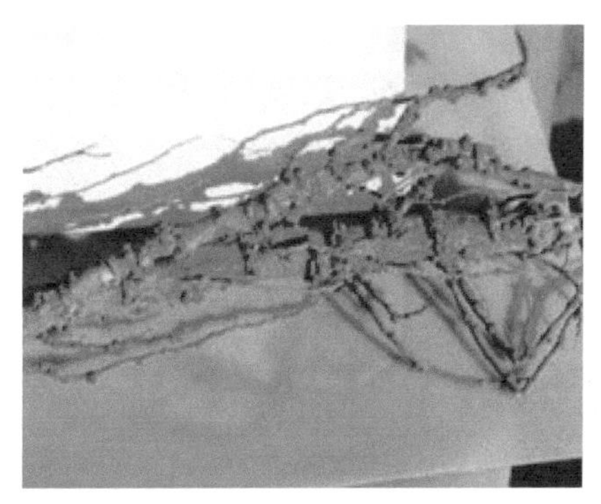

图1-31　根结线虫病

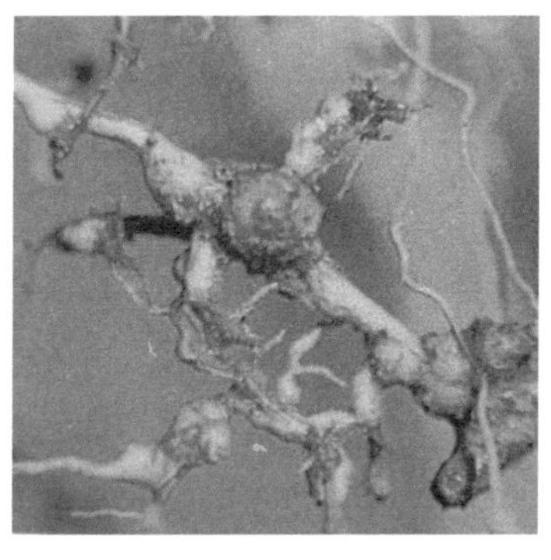

图1-32　根结放大

【发病规律】

桃根结线虫以幼虫在土中或以成虫及卵在遗留于土中的虫瘿内越冬，一年发生数代。刚孵出的幼虫不久即离开虫瘿迁入土中，如接触幼根即侵入为害，刺激细胞，形成大小不等的虫瘿。根结线虫在土温25～30℃、土壤湿度为40%左右时发育最适宜。中性沙质壤土发病严重。

【防治方法】

（1）土壤深耕。将表层虫瘿最多的土壤翻埋深层，可减少病原数量。

（2）加强管理。合理灌水和施肥，对病树有延缓其症状表现和减轻其损失的作用。

（3）药剂防治。在发现有线虫的果园，可施用杀线虫剂，每平方米用1.8%阿维菌素乳油2 000～3 000倍对地面喷雾，然后用钉耙混土；施用石灰氮，既可做肥料，又可以杀死土壤中的根结线虫。

（4）生物防治。施用木真菌、菌根等防治。

二十二、桃根癌病

桃根癌病在全国各产区均有发生，属于已知的根癌土壤杆菌侵染引起而最难防治的一种细菌性病害；为害桃、梨、苹果、杏、梅、樱桃、葡萄、柑橘等果树。

【症状】

病瘤发生于树的根、根茎和树干等部位，嫁接处较为常见，其中以从根茎长出的大根最为典型，有时也散布在整个根系上，受害处产生大小不等、形状不同的肿瘤。初生癌瘤为灰色或略带肉色，质软、光滑，以后逐渐变硬呈木质化，表面不规则，粗糙，尔后龟裂。瘤的内部组织紊乱，起初呈白色，质地坚硬，但以后有时呈瘤朽状。根癌病对桃树的影响主要是削弱树势，产量减少，早衰，严重时引起果树死亡。

桃树根瘤病从为害部位所表现的症状，可分为根茎瘤型、根瘤型、茎瘤型3种（图1-33、图1-34）。

图1-33　茎瘤型

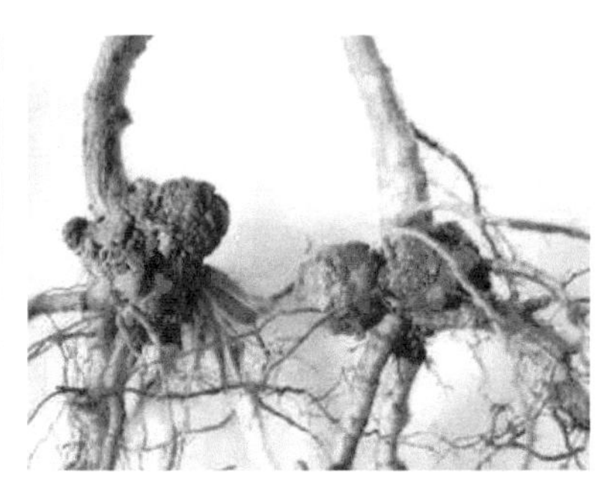

图1-34　根茎瘤型

【发病规律】

细菌性病害。病原在根瘤组织的皮层内或在癌瘤破裂脱皮时进入土壤中越冬，在土壤中可存活数月至1年多。雨水、灌水、移土等是主要传播途径，地下害虫如蛴螬、蝼蛄、线虫等也有一定的传播作用，带病苗木是长距离传播的最主要方式。细菌遇到根系的伤口，如虫伤、机械损伤、嫁接口等，侵入皮层组织，开始繁殖，并刺激伤口附近细胞分裂，形成癌瘤。碱性土壤有利于发病；土壤黏重、排水不良的果园发病较多；切接苗木发病较多，芽接苗木发病较少；嫁接口在土面以下有利于发病，在土面以上发病较轻。

【防治方法】

（1）农业防治。选择无病土壤作苗圃，已发生根癌病的土壤或果园不可以作育苗地；碱性土壤的园地应适当施用酸性肥料；发现病瘤应及时切除或刮除，并将刮切下的病皮带出果园销毁；栽种桃树或育苗忌重茬，也不要在杨树、洋槐、泡桐等林地等种植。

（2）药剂防治。苗木定植前应对根进行仔细检查，剔除有病瘤苗木，然后用1%硫酸铜浸根5分钟，也可用波美3～5度石硫合剂进行全株喷药消毒；在栽植前，每平方米可施硫黄粉50～100克，或漂白粉100～150克进行土壤处理；及时防治地虫，可以减轻发病；病株的病瘤刮后的伤口可用100倍的硫酸铜溶液或波美5度石硫合剂涂抹消毒，消毒后用1∶2∶100倍式波尔多液涂抹保护。

二十三、桃线纹病

桃线纹病在核果类果树上分布广泛，可侵染桃、杏、李等。

【症状】

春天展叶后呈现明显且相当对称的鲜黄色病斑，这是本病的特征。有时叶片只出现很窄的花斑，或黄色、很细的网状纹。严重时引起芽坏死，在温和气候条件下梢尖枯死。扁桃品种最敏感，会引起芽的严重坏死，使病株光裸无芽。叶的花纹随着时间的推移而逐渐褪色图（图1-35）。

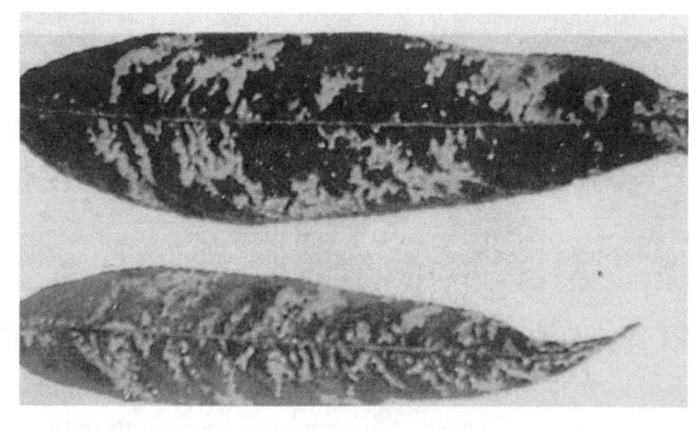

图1-35　桃线纹病

【发病规律】

线纹病的病原为病毒，是桃和各种李属植物经常发生的一种病害，由于有很明显的症状而易被人们发现，所以，在繁殖过程中就自然被淘汰。从嫁接苗和砧木的新梢可以繁殖病毒，故在苗圃要选择好苗，放弃病苗。传病毒的介体尚不清楚，但已知花粉是传播途径之一。

【防治方法】

用健康无病繁殖材料。热处理病株，将病株放在37℃下3～4周，然后行茎尖繁殖，可获得无病毒苗。

二十四、桃红叶病

【症状】

以树外围上部、生长旺盛的直立枝和延长枝发病较重。叶、花、果、新梢均能感染发病，春季萌芽期嫩叶红化及侧脉间褪绿，而随病情加重红色更加鲜艳（图1-36）。发病严重的叶片红斑焦枯，形成不规则的穿孔，病害较轻的可随气温升高逐渐褪红转绿。受害嫩芽往往不能抽生新梢，形成春季芽枯。秋季气温下降时，新梢顶部又可出现红化症或红斑。严重病树果实出现果顶秃尖畸变、味淡。

图1-36　桃红叶病

【发病规律】

病原为病毒，主要经嫁接传染，昆虫也能传毒。气温在20℃以下时，易发病。大久保、庆丰、早凤等对该病较敏感；白凤、秋香等较轻。

【防治方法】

（1）农业防治。严格选用无病接穗嫁接苗木，防止病原的传播；加强栽培管理，增强树体抗病能力。

（2）挖除病株。进行田间检查，发现病株及时挖除并销毁。

（3）药剂防治。春季发芽后喷洒护树将军1 000倍液杀菌消毒，也可喷洒新高脂膜800倍液对树体进行保护，以减少病菌的传播。

第二章
桃树非侵染性病害防治

一、桃裂果病

【症状】

裂果指桃果生长后期果皮开裂，其表现是果实有的在果顶到果梗方向发生纵裂，有的在果顶部发生不规则裂纹，降低商品价值，易发生腐烂（图2-1）。

图2-1　裂果病

【发生原因】

（1）品种特性。肉质松软的品种比肉质紧密的品种容易裂果；早熟品种比中晚熟品种易裂果；早中熟油桃普遍比水蜜桃容易裂果；偏圆形品种比长圆形品种易裂果。

（2）环境因素。硬核期前后雨水过多、地下水位过高、土壤过湿和水分供应不均等。

（3）管理因素。偏施氮肥，造成徒长，果园郁闭；忽视夏季修剪、栽植密度过大、病虫为害严重；一年多次使用多效唑控梢等均易造成裂果。

【预防措施】

（1）选择抗裂果品种。选择较抗裂果的品种或实行避雨栽培，尽量不要种植梅雨季节成熟的品种。

（2）合理肥水。推广喷灌、微滴灌以及肥水一体化灌溉，为桃生长发育提供较稳定的土壤水分，保证果肉细胞平稳增大；多施有机肥，推广配方施肥，及时补充钙肥。

（3）做好病害防治。桃树病害多，关键时期要做好喷药防治。

（4）果实套袋。适时疏果、套袋，对裂果较重的晚熟桃一定要套袋。

（5）地膜覆盖。果实成熟前1个月，对树盘用地膜覆盖，控制土壤水分。

二、桃日灼病

【症状】

果实轻度日灼，果皮上出现黄褐色、圆形或梭形有大斑块；严重日灼时病斑可扩展至果面的一半以上，并凹陷，果肉干枯粘在核壳上，引起果实早期脱落。受日灼的枝条半边干枯或全枝干枯。受日灼果实和枝条容易引起细菌性黑斑病、炭疽病、溃疡病，同时，如遇阴雨天气，灼伤部分还常起链格孢菌的腐生（图2–2）。

图2–2　桃日灼病

【发生原因】

夏季如果连续晴天，阳光直射，温度高，就会引起树冠外围暴露的果实发生日灼；修剪过重，枝梢、叶片少，造成果实、枝干直接暴露在强光下是引起日灼病的主要原因。

【预防措施】

（1）合理修剪。适度厚留枝叶，避免果实、枝干受阳光直射。

（2）及时灌水。旱季注意灌水，提高湿度，改善园中小气候。

（3）树干涂白。冬季、夏季各对树干涂白1次，均有杀虫防病、防日灼的作用。

（4）喷药保护。在高温出现前向果面喷洒2%石灰乳液，可以降低果面温度，减轻受害。

三、桃树流胶病

桃树流胶病分侵染性和非侵染性两种类型。

【症状】

◆侵染性流胶病

桃树流胶病主要发生在枝干上，也可为害果实。一年生枝染病，初时以皮孔为中心产生疣状小突起，后扩大成瘤状突起物，上散生针头状黑色小粒点，翌年5月病斑扩大开裂，溢出半透明状黏性软胶。后变茶褐色，质地变硬，吸水膨胀成冻状胶体，严重时枝条枯死。多年生枝受害产生水泡状隆起，并有树胶流出，受害处变褐坏死，树势明显衰弱（图2-3）。果实染病，初呈褐色腐烂状，后逐渐密生粒点状物，湿度大时粒点口溢出白色胶状物（图2-4）。

◆非侵染性流胶病（生理性流胶）

发病症状与前者类似。

图2-3　枝干流胶

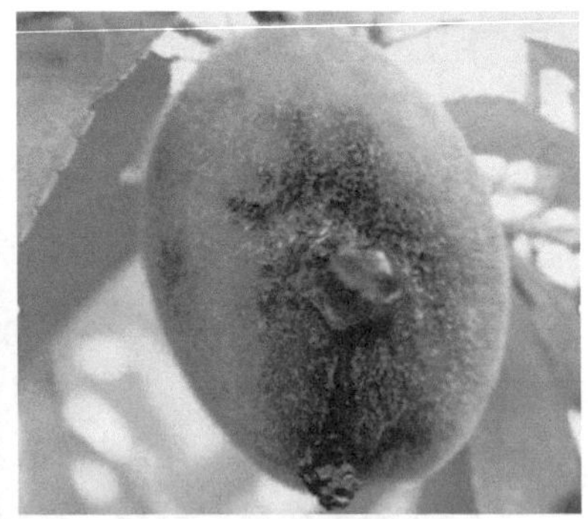

图2-4　果实流胶

【发生规律】

侵染性流胶病菌以菌丝体、分生孢子器在病枝里越冬，翌年3月下旬至4月中旬散发生分生孢子，随风而传播，经伤口、皮孔及侧芽侵入引起侵染。特别是雨天从病部溢出大量病菌，顺枝干流下或溅附在新梢上，成为新梢初次感病的主要菌源。枝干内潜伏病菌的活动与温度有关，当气温在15℃左右时，病部即可渗出胶液，随着气温上升，树体流胶点增多，病情加重。土壤黏重、酸性较大、排水不良的果园易发病。

非侵染性流胶病主要是因冻害、病虫害、雹灾、冬剪过重、机械伤口引起。此外，生产中结果过、树势衰弱、水分过多或不足、施肥不当、修剪过度、土壤黏重板结、土壤酸性太重等都会引起桃树流胶。

【防治方法】

（1）加强管理。增施有机肥，低洼积水地注意排水；酸性土壤应适当施用石灰或过磷酸钙，改良土壤，盐碱地要注意排盐；合理修剪，减少枝干伤口，避免桃园连作。

（2）减少伤口。要防治枝干病虫害，减少虫伤，及早防治介壳虫、蚜虫、天牛等；避免过重修剪产生大伤口；果园劳作时尽量减少机械损伤。

（3）树干涂白。冬春季树干涂白，预防冻害和日灼伤。

（4）药剂防治。早春发芽前将流胶部位病组织刮除，伤口涂29%石硫合剂水剂3倍液或波美5度石硫合剂；生长季节药剂防治可用70%甲基硫菌灵可湿性粉剂1 000倍液或50%多菌灵可湿性粉剂800倍液，或用30%戊唑·多菌灵悬浮剂800～1 000倍液等。

四、桃树缺钾症

桃树缺钾症在夏季表现尤为严重。

【症状】

桃树缺钾会引起新梢细长，节间长，叶尖、叶缘退绿和坏死（图2-5）。叶缘往上卷，向后弯曲。果型小、品质差。

图2-5 缺钾症

缺钾初期表现为枝条中部叶片皱缩，继续缺钾时，叶片皱缩更明显，扩展也快。此时遇干旱，易发生叶片卷曲现象，以至全株呈萎蔫状。桃树缺钙、受冻、环状剥皮时都出现叶片卷曲，但都不表现皱缩。这是与缺钾症的主要区别。

桃树缺钾在整个生长期内可以逐渐加重，尤其叶缘处坏死扩展加快。坏死组织遇风易破裂，那些因缺钾而卷曲的叶片背面，常变成紫红色或淡红色。

【发生原因】

在细沙土、酸性土以及有机质少的土壤，易缺钾；在沙质土施石灰过多，易缺钾；轻度缺钾土壤中施氮肥，刺激果树生长，更易表现缺钾；日照不足，土壤过湿也可表现缺钾症。

桃树缺钾，容易遭受冻害或旱害，但施钾肥过多，易诱发缺镁症，对氮、钙、铁、锌、硼的吸收也有影响。钾过剩果皮厚、硬度小，易发绵，不耐贮藏。

【预防措施】

（1）合理施肥。增施有机肥，如厩肥、草秸和草木灰等。

（2）追施钾肥。在幼果膨大期每亩[①]追施氯化钾15～20千克或硫酸钾20～25千克。

（3）根外追肥。叶喷0.2%～0.3%磷酸二氢钾水溶液或1%～2%硫酸钾或氯化钾等。

五、桃树缺钙症

桃树缺钙症不仅会影响桃树树体生长受阻，还会导致桃的产量下降、品质变差。该病症在国内各地发生较为普遍。

【症状】

幼叶边缘呈杯状向上卷，展开的叶有整齐的脉和脉间失绿，老叶边缘坏死并破碎，严重时顶梢枯死（图2-6）。

果实出现苦痘病、皮孔斑点病、裂果、内部腐烂和木栓斑点病等。果面产生褐色圆斑，大小不等，稍凹陷，有时周围有紫色晕圈。病皮下浅层果肉变褐，坏死，呈海绵状，有苦味。

图2-6　缺钙叶片症状

① 1亩≈667米^2，全书同。

【发生原因】

主要原因是土壤中含钙量少；土壤酸度较高，钙易流失；前期干旱，后期供水过多，不利于钙的吸收利用；氮肥过多，修剪过重，加重了钙向果实的运输，加重了缺钙症状。

【预防措施】

（1）改良土壤。增施有机肥，促进氮肥、磷、钾、硼、锌、铜等元素稳定均衡供应。

（2）增施钙肥。在沙质土壤园中喷施或穴施硝酸钙、多效生物钙肥或氧化钙；果面、叶面多次喷布0.5%硝酸钙或氯化钙，或用400倍氨基酸钙或氨钙宝500倍。

（3）科学管理。适度修剪，合理疏果，合理负载。

六、桃树缺镁症

桃树缺镁症在夏季大雨后容易发生，特别是在我国西北地区发生相对较为频繁。

【症状】

一年生桃苗的枝条或主茎下部叶片出现深绿色水渍状区，这种现象在几小时内即变成灰白色或灰绿色，而后变成淡黄褐色（图2-7）；遇雨后可能变成褐色，后脱落，使新梢上的叶片只剩一半。枝条柔软，抗寒力差，花芽形成很少。

缺镁症一般在生长季初期症状不明显，从果实膨大期才开始显症并逐渐加重，尤其是坐果量过多的植株，果实尚未成熟便出现大量黄叶。缺镁对果实大小和产量的影响不明显，但着色差；成熟期推迟，糖分低，使果实品质明显降低（图2-8）。

【发生原因】

主要是由于土壤中置换性镁不足，其根源是有机肥质量差、数量少、肥源主要靠化肥，而造成土壤中镁元素供应不足。沙质及酸性土壤中镁元素较易流失，所以，缺镁症在中国南方的桃园发生较普遍。钾肥施用过多，或大量施用硝酸钠及石灰的果园，或钾、氮、磷过多也会影响镁的吸收。由于缺镁，常会引起缺锌及缺锰病。

图2–7　缺镁叶片症状

图2–8　缺镁果实症状

【预防措施】

（1）改良土壤。定植时要施足有机肥，成年树应每年施入足量有机肥料；加强土壤管理，缺镁严重的果园应减少速效钾肥的施用量。

（2）根施补镁。酸性土壤可施石灰或碳酸镁，中性土壤中可施硫酸镁，严重缺镁果园可每亩施硫酸镁20～30千克。

（3）叶面追肥。在植株开始出现缺镁症状时，叶面喷施0.5%～0.8%硫酸镁3～4次。

七、桃树缺锰症

【症状】

中脉、主脉附近叶肉呈现绿色带，叶脉间和叶缘退绿，老叶尤为明显（图2–9）。

图2-9　缺锰叶片症状

【发生原因】

土壤中的锰是以各种形态存在的，在有腐殖质和水时，呈还原型为可给态；土壤为碱性时，使锰呈不溶解态，易表现缺锰症。土壤为强酸性时，常由于锰含量过多，可造成锰中毒。春季干旱，易发生缺锰症。酸性土壤条件下一般不会缺锰，若遇土质黏重、通气不良、地下水位高、pH值高的土壤较易发生缺锰症。

【预防措施】

增有机肥，改良土壤理化性状，调节土壤酸碱度，避免土壤碱性过重，创造有利用锰元素吸收利用的土壤环境是预防缺锰的主要措施。

八、桃树缺铁症

桃树缺铁症又称黄叶病、白叶病、退绿病等，我国各桃产区都有发生，在盐碱土或钙质土的果区更为常见。

【症状】

缺铁症主要表现在新梢的幼嫩叶片上，开始叶肉先变黄，而叶脉两侧仍保持绿色，导致叶面呈绿色网纹状失绿，随病势发展叶片失绿程度加重，出现整叶变为白色，叶缘焦枯，引起落叶。严重缺铁时新梢顶端枯死，病树所结的果仍为绿色（图2-10）。

图2-10　缺铁症状

【发生原因】

盐碱较重的土壤，可溶性二价铁转化为不可溶的三价铁，造成不能被植物吸收利用，使桃树表现为缺铁。土质黏重，排水不良，易发生缺铁。

【预防措施】

（1）改良土壤。改土治碱，增施有机肥，种植绿肥等增加有机含量，通过改良土壤，释放被固定的铁元素，是防治缺铁症的根本性措施。

（2）补充铁素。在发芽前枝干喷施0.3%～0.5%的硫酸亚铁溶液，可减轻缺锰症的发生。

第三章 桃树虫害防治

一、桃蛀螟（Dichocrocis punctiferalis Guenee）

桃蛀螟又名桃蠹螟，俗称桃食心虫，属鳞翅目螟蛾科。

桃蛀螟是一种杂食性的害虫，为害桃外，还能为害板栗、杏、李、梅、苹果、梨、核桃、葡萄、柑橘等果树。常以幼虫食害果实，造成严重减产。

【为害状】

幼虫多从桃果柄基部和两果相贴处蛀入，蛀孔外堆有大量虫粪，幼虫取食果肉，并使受害部位充满虫粪，虫果易腐烂脱落。

【形态特征】

◆成虫：体长10毫米左右，翅展25～28毫米，全身橙黄色（图3-1）。

◆卵：椭圆形，稍扁平，长径0.6～0.7毫米，短径约0.3毫米。初产下时乳白色，后渐变为红褐色。

◆幼虫：老熟时体长18～25毫米，体色多变，有暗紫红色、淡揭、浅灰色等（图3-2）。

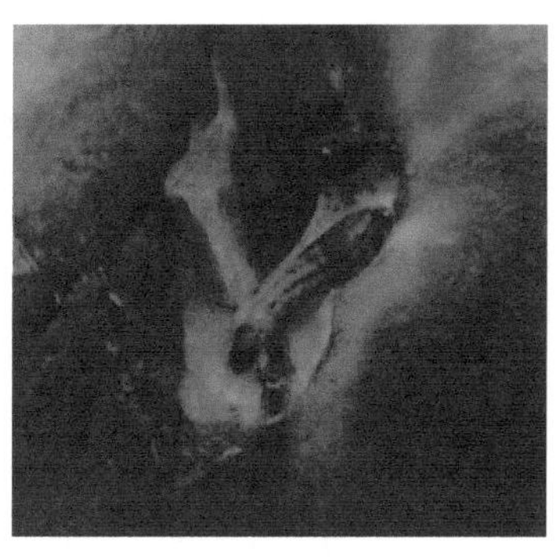

图3-1　桃蛀螟成虫　　　　图3-2　桃蛀螟幼虫

◆蛹：体长10～14毫米，纺锤形，初化时淡黄绿色，后变深褐色，腹部末端有细长卷曲钩刺6个，茧灰褐色。

【发生规律】

桃蛀螟主要以老熟幼虫在被害僵果、树皮裂维内过冬；也有少部分以蛹越冬，在山东省越冬代成虫始期在5月中旬，盛期在6月上旬、中旬，成虫对黑光灯有强烈的趋性，对糖味也有趋性，白天停在叶背面，傍晚以后活动。第一代代卵部分产于早熟品种挑果上。成虫喜爱在生长茂密的果上产卵。8月上旬、中旬是第二代幼虫发生盛期。

桃蛀螟的发生与雨水有一定关系，一般4—5月多有利于发生，相对湿度在80%时，越冬幼虫化蛹和羽化率均较高。喜产卵在枝叶茂密处的桃果上及2个或2个以上桃果互相紧靠的地方。初孵幼虫先在果梗、果蒂基部吐丝蛀食果皮，后从果梗基部沿果核蛀入果心为害，蛀食幼嫩核仁和果肉。果外有蛀孔，常由孔中流出胶质，并排出褐色颗粒状粪便，流胶与粪便黏结而附贴在果面上，果内也有虫粪。

【防治方法】

（1）清除越冬虫源。冬季清除玉米、向日葵、高粱等遗株；

刮除桃树老翘皮，集中处理，以消灭越冬幼虫。

（2）果实套袋。在套袋前结合防治其他病虫害喷药1次，以消灭早期桃蛀螟所产的卵。

（3）诱杀成虫。在桃园内点黑光灯或用糖、醋液诱杀成虫，可结合诱杀梨小食心虫进行。糖醋液配比为。糖5份，醋20份，酒5份，水50份。

（4）摘除虫果。捡拾地上落果和摘除虫果，消灭果内幼虫。

（5）喷药防治。不套袋的果园，要掌握第一代、第二代成虫产卵高峰期喷药，有效药剂有：2.5%溴氰菊酯乳油5 000倍液、1.8%阿维菌素乳油2 000～4 000倍液、20%阿维·杀螟松乳剂1 000～1 500倍液等。

二、桃小食心虫（Carposina niponensis walsingham）

桃小食心虫又名桃蛀果蛾，简称“桃小”，属鳞翅目，果蛀蛾科，广泛分布于我国北方桃产区。寄生植物有苹果、梨、花红、海棠、山楂、桃、李、杏、枣等。

【为害状】

虫果果面有蛀入小孔，常愈合成小圆点，蛀孔周围凹陷，果肉内虫道弯曲纵横，果肉被蛀空并有大量虫粪，俗称糖馅。果面上脱果孔较大，周围易变黑腐烂。

【形态特征】

◆成虫：全体灰白色或灰褐色。雌蛾体长7～8毫米，翅展16～18毫米；雄蛾体长5～6毫米，翅展13～15毫米。翅近前缘中部有一蓝黑色近似三角形的大班。翅基部及中部有7簇蓝褐色的斜立鳞片。后翅灰色，缘毛长，浅灰色。

◆卵：深红色，桶形，底部黏附于果实上。卵壳上有不规则的略成椭圆开的刻纹。

◆幼虫：末龄幼虫体长13～16毫米，全体桃红色，幼龄幼虫淡黄或白色（图3-3）。

◆蛹：长7毫米左右，刚化蛹时黄白色，渐变灰黑色。

◆茧：冬茧丝质紧密，椭圆形，长5毫米左右；夏茧丝质疏松，纺锤形，长8毫米左右。茧外都黏附土沙粒。

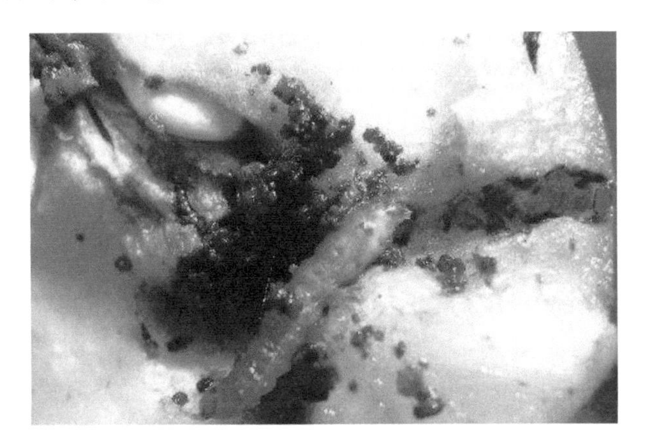

图3-3　桃小食心虫幼虫及被害果

【发生规律】

1年发生1代或2代，以老熟幼虫做冬茧，在树下土里、梯田壁、堆果场土里和根部越冬。成虫昼伏夜出，卵产于果面处，从果面蛀入果内，蛀孔很小。幼虫蛀食果肉，使果提早变黄。虫果内充满虫粪，失去商品价值。幼虫在果内为害20多天，向果外咬一较大脱果孔，脱出果后直接落地。脱果孔周围易腐烂变黑，虫果易脱落。幼虫脱果始期一般在8月下旬，9月为脱果盛期。树下越冬幼虫入土深度一般1～10厘米。

【防治方法】

桃小食心虫在脱果期和出土期，幼虫暴露在外，地面施药时药剂可直接接触虫体，因而有相当好的杀虫效果，对刚羽化的成虫也有较好的毒杀作用。所以，防治桃小食心虫应做好地面和树上两方面的防治。

（1）树盘覆地膜。根据幼虫脱果后大部分潜伏于树冠下土中的特点，成虫羽化前，可在树冠下地面覆盖地膜，以阻止成虫羽化后飞出。

（2）药剂处理土壤。可在幼虫出土期，每亩用35%甲基异柳磷乳油200毫升稀释成80倍液，先喷到细土50千克中吸附，然后将药土撒在树盘下，或将药剂稀释成500倍液，直接喷到树盘下，然后用铁耙耧翻。每隔10天左右喷1次，连续喷2～3次。

（3）树上喷药。在成虫羽化产卵和幼虫孵化期及时喷洒2.5%溴氰菊酯乳油5 000倍液、或用1.8%阿维菌素乳油2 000～4 000倍液、或用20%阿维·杀螟松乳剂1 000～1 500倍液等。

（4）果实套袋。在成虫产卵前用专用纸袋套袋，果实成熟前7天脱袋，可避免为害。

三、梨小食心虫（Grapholitha molesta Busck）

梨小食心虫简称梨小，又名东方果蛀蛾、桃折梢虫。属鳞翅目，小卷叶蛾科。在国内分布广泛，除为害桃外，还为害李、梅、杏、樱桃、苹果、海棠、枇杷等果树。

【为害状】

主要以幼虫蛀食果实和新梢，新梢被害后萎蔫枯干（图3-4），影响桃树生长。被害果有小蛀入孔，孔周围微凹陷，最初幼虫在果实浅处为害，孔外排出较细虫粪，果内蛀道直向果核，被害处留有虫粪。果面有较大脱果虫孔。虫果易腐烂脱落。

图3-4　被害新梢

【形态特征】

◆成虫：体长4.6～6.0毫米，翅展10.6～15毫米，雌雄极少差异。全体灰褐色，无光泽。

◆卵：淡黄白色，近乎白色，半透明，扁椭圆形，中央隆起，周缘扁平。

◆幼虫：末龄幼虫体长10～13毫米，非骨化部分淡黄白色或粉红色，头部黄褐色。前脸背板浅黄色或黄色，臂板浅黄褐色或粉红色上有深褐色斑点（图3-5）。

图3-5　幼虫

◆蛹：体长6～7毫米，纺锤形，黄褐色，腹部第三节至第七节面后缘各有1排，腹部末端有8根钩刺。茧白色、丝质，扁平椭圆形，长10毫米左右。

【发生规律】

每年发生代数因地区而异，华南6～7代，以老熟幼虫在树干翘皮缝中结茧越冬。成虫羽化后，产卵在新梢上。幼虫孵化后，多从新梢顶部第二片和第三片叶的基部蛀入，向下蛀食，蛀孔外有虫粪排出，受害梢常流出大量树胶，梢顶端的叶片先萎缩，然后新梢干枯下垂，此时幼虫多已转移。幼虫老熟后，在树干翘皮裂缝、上作茧化蛹。第二代幼虫发生在6—7月，继续为害新梢、桃果。第三代卵盛发于7—8月，大部分为害果实。这代幼虫老熟后，大部分脱果，爬到树皮缝内结茧越冬，小部分继续化蛹、羽化，产生第四代卵。成虫趋光性不强，但喜食糖蜜和果汁。

【防治方法】

（1）避免混栽。建立果园时，尽可能避免桃、梨、李、杏混栽，以减少相互转移为害。

（2）刮除树皮、剪除虫梢。早春发芽前，彻底刮除病部树皮，集中处理，消灭越冬幼虫。早春五六月间，当顶梢1～2片叶调萎时，及时剪除新发现的被害顶梢，消灭其中幼虫。

（3）诱杀幼虫。越冬幼虫脱果前，在主枝、主干上束草或破麻袋片，诱集幼虫潜伏，然后解下集中处理。

（4）诱杀成虫。在果园挂梨小性诱剂片，诱杀成虫，又可做预测成虫出现期，指导喷药防治时期。

（5）果实套袋。在成虫产卵前用专用纸袋套袋，果实成熟前7天脱袋，可避免为害。

（6）药剂防治。从5月上旬，根据性诱剂预测，并检查果上的卵，当卵果率达1%时，应及时喷洒5%氯虫苯甲酰胺悬浮剂1 500～

2 000倍液、或用2.5%溴氰菊酯乳油5 000倍液、或用20%阿维·杀螟松乳剂1 000～1 500倍液等。

四、桃象甲（Rhynchites faldermanni Schoenherr）

桃象甲又名桃象鼻虫、桃虎，属于鞘翅目，象虫科。全国大部分省区均有发生，主要为害桃，也为害李、杏、梅等。

【为害状】

成虫蛀食幼果，果面上蛀孔累累，流胶，轻者使品质降低，重者引起腐烂，造成落果，影响产量很大。幼虫在果内蛀食，使果实干腐脱落。虫伤果易引起褐腐病发生。

【形态特征】

◆成虫：体长（连头管）10毫米左右，全体紫红色有金属光泽，前胸背面有“小”形凹陷，鞘翅上刻点较细（图3-6）。

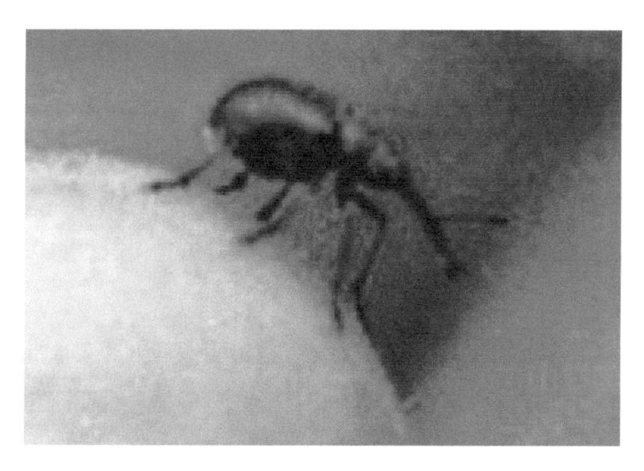

图3-6　桃象甲成虫

◆卵：椭圆形，长约1毫米，乳白色。

◆幼虫：成熟时体长12.5毫米左右，乳白略带黄色，背面拱起，无胸、腹足。

◆蛹：体长8毫米左右，淡黄色，稍弯曲，头、胸部背面褐色，有长刺毛，腹末有大的褐色刺1对。

【发生规律】

1年发生1代，主要以成虫在土中越冬。翌年春季桃树发芽时开始出土上树为害，成虫出现期很长，可长达5个月，产卵期历3个月。3—6月是主要为害期，以4月初幼果期，成虫盛发后为害最严重，落果最多。成虫怕阳光，常栖息在花、叶、果比较茂密的地方，有假死性，受惊后即坠落地面或在下落途中飞逃。成虫主要为害幼果，以头管伸入果内，食害果肉。果外蛀孔圆形，被害果面蛀孔很多，孔外有黏胶流出。成虫也食害花，咬成缺口或圆形小孔。有时食害叶片，咬成大小不同的孔洞，还能食害嫩芽。成虫在幼果果面咬一小孔产卵，卵孵化后幼虫即蛀入果内为害，取食果肉和果核。幼虫老熟后，即从落果或树上的蛀果中脱出果外，潜入土中化蛹。

【防治方法】

（1）捕捉成虫。利用成虫假死性，于清晨露水未干时，树下铺布单摇动树枝，成虫受惊后跌入，然后集中处理。雨后成虫出现最多，效果好。

（2）清除虫果。勤拾落果和摘除树上的蛀果，加以沤肥或浸泡在水中，可消灭尚未脱果的幼虫。

（3）喷药防治。在4月间成虫盛发期，喷8.8%阿维·啶虫脒乳油4 000～5 000倍液、或用5%氯虫苯甲酰胺悬浮剂1 500～2 000倍液等。

五、枯叶夜蛾［Adris tyrannus（Guenee）］

枯叶夜蛾属鳞翅目、夜蛾科。分布于我国辽宁省、河北省、江苏省、浙江省和台湾省等地，成虫吸食近成熟的桃、苹果、梨、葡萄等果实汁液。

【为害状】

成虫以锐利的虹吸式口器穿刺果皮，果面留有针头大的小孔，果肉失水呈海绵状，以手指按压有松软感觉，被害部变色凹陷、随后腐烂脱落。常招致胡蜂等为害，将果实食成空壳。

【形态特征】

●成虫：体长35～38毫米，翅展96～106毫米，头胸部棕色，腹部杏黄色。触角丝状，前翅枯叶色深棕微绿，后翅杏黄色（图3-7）。

●卵：扁球形1～1.1毫米，高0.85～0.9毫米，顶部与底部均较平，乳白色。

●幼虫：体长57～71毫米，前端较尖，第一腹至第二腹节常弯曲，第八腹节有隆起。头红褐色无花纹，体黄褐或灰褐色。

●蛹：长31～32毫米，红褐至黑褐色。头顶中央略呈1尖突，头胸部背腹面有许多较粗而规则的皱褶。

图3-7　枯叶夜蛾成虫

【发生规律】

1年发生2～3代，多以成虫越冬，温暖地区可以卵和中龄幼虫越冬。发生期不整齐，从5月末到10月均可见成虫，以7—8月发生较多。成虫昼伏夜出、有趋光性。喜为害香甜味浓的果实，7月以前为害杏等早熟果品，后转害桃、葡萄、苹果、梨等。成虫寿命较长，产卵于寄主茎和叶背。幼虫吐丝缀叶潜其中为害，6—7月发生较多，老熟后缀叶结薄茧化蛹。秋末多以成虫越冬。

【防治方法】

（1）农业防治。山区、近山区新建果园，宜栽晚熟品种，避免零星种植和混栽多种果树。

（2）物理防治。果实接近成熟期套袋；采用黑光灯诱杀成虫；糖醋液、烂果汁诱杀成虫；注意清除果园附近的野生寄主。

（3）天敌防治。在幼虫寄主上，成虫产卵期可释放赤眼蜂防治。

（4）药剂防治。幼虫孵化期和成虫发生期喷药防治，药剂可使用25%灭幼脲悬乳剂1 500～2 000倍液或5%甲胺基阿维菌素苯甲酸盐水分散粒剂3 000倍液或5%氯虫苯甲酰胺悬浮剂1 500～2 000倍液等。

六、鸟嘴壶夜蛾（Oraesia excauata Butler）

鸟嘴壶夜蛾属鳞翅目、夜蛾科。分布于我国的华北地区以及河南省、陕西省、浙江省、广东省和台湾省等地。

【为害状】

同枯叶夜蛾。

【形态特征】

◆成虫：体长23～26毫米，头与颈板赤橙色，胸褐色，腹部淡褐色。下唇须前端尖长似鸟嘴形；前翅紫褐色，后翅淡褐色，前后翅的反面均为粉橙色，足赤橙色（图3-8）。

◆卵：球形0.8毫米，初淡黄色渐变淡褐色、上有红褐色斑纹。

◆幼虫：体长44～45毫米，前端较尖、第一腹至第三腹节微弯曲成尺蠖形。头部灰褐色、满布黄褐色斑点，体灰黑色，杂有不明显的浅色花纹；左右腹足之间的黑斑明显；初孵幼虫头褐色、体细长淡黄绿色具黑色长刚毛（图3-9）。

◆蛹：长23毫米，暗褐色。前翅达第四腹节后缘附近；后足仅在下颚末端露出一部分。

图3-8　鸟嘴壶夜蛾成虫

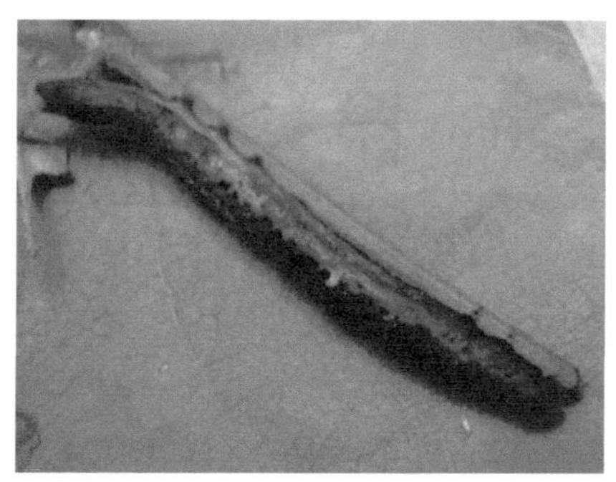

图3-9　鸟嘴壶夜蛾幼虫

【发生规律】

浙江省1年4代，以幼虫和成虫越冬。各代发生期为：6月上旬至7月中旬；7月上旬至9月下旬；8月中旬至12月上旬：9月下旬至翌年6月上旬。北方1年2～3代，各代成虫大体发生期为：6月下旬；8月下旬；10月下旬。7月以前成虫吸食杏、枇杷和野果汁液，随着桃、梨、苹果、柑橘等果实的成熟而前来为害，幼虫共6龄，老熟后吐丝卷叶结茧化蛹。成虫昼伏夜出，有趋光性，产卵于叶背。

【防治方法】

（1）果实套袋。在6月上旬前用专用纸袋套袋。

（2）诱杀。黑光灯诱杀成虫；糖醋液、烂果汁诱杀成虫，配方为糖5%～8%和醋1%的水溶液，加0.2%氟化钠或其他农药，或用烂果汁加少许酒、醋代用。

（3）药剂防治。幼虫为害期使用5%高氯·甲维盐微乳剂2 000倍液或25%乙基多杀菌素水分散粒剂3 000倍液、或用5%灭幼脲悬乳剂1 500～2 000倍液等喷雾。

七、茶翅蝽（Halyomorpha picus Fabricius）

茶翅蝽又名臭木椿象、茶翅椿象，俗称臭大姐等。

【为害状】

成虫、若虫吸食叶片、嫩梢和果实的汁液，正在生长的果实被害后，呈凹凸不平的畸形果，俗称疙瘩桃，受害处变硬味苦，近成熟的果实被害后，受害处果肉变空，木栓化；桃果被害后，被刺处流胶，果肉下陷成僵斑硬化。幼果受害严重时常脱落，对产量与品质影响很大。

【形态特征】

◆成虫：体长15毫米左右，宽8～9毫米，扁椭圆形，灰褐色略带紫红色。触角丝状，5节，褐色，第二节比第三节短，第四节两端黄色，第五节基部黄色。复眼球形黑色。前胸背板、小盾片和前翅革质布有黑褐色刻点，前胸背板前缘有4个黄褐色小点横列。小盾片基部有5个小黄点横列，腹部两则各节间均有1个黑斑（图3-10）。

◆卵：常20～30粒并排在一起，卵粒短圆筒状，形似茶杯，灰白色，近孵化时呈黑褐色。

图3-10　茶翅蝽成虫

◆若虫：与成虫相似，无翅，前胸背板两侧有刺突，腹部各节背面中部有黑斑，黑斑中央两侧各有1黄褐色小点，各腹节两侧间处均有1个黑斑。

【发生规律】

1年发生1代，以成虫在空房、屋角、檐下、草堆、树洞、石缝等处越冬，来年出蛰活动时期因地而异，北方果区一般从5月上旬开始陆续出蛰活动，6月产卵，多产于叶背。7月上旬开始陆续孵化，初孵若虫喜群集卵块附近为害，而后逐渐分散，8月中旬开始陆续老熟羽化为成虫。成虫为害至9月寻找适当场所越冬。

【防治方法】

此虫寄主多，越冬场所分散，给防治带来一定的困难，目前应以药剂为主结合其他措施进行防治。

（1）人工防治。成虫越冬期进行捕捉；为害严重区可采用果实套袋防止果实受害。

（2）药剂防治。以若虫期进行药剂防治效果较好，药剂可使用26%氯氟·啶虫脒水分散粒剂3 000～4 000倍液或1.8%阿维菌素乳油2 000～4 000倍液或20%阿维·杀螟松乳剂1 000～1 500倍液或22%氟啶虫胺腈悬浮剂5 000～6 000倍液等。

八、麻皮蝽（Erthesina fullo Thunb）

麻皮蝽又名黄斑蝽，属于半翅目，蝽科。分布于全国各地，食性很杂，为害梨、苹果、枣等果树及多种林木、农作物。

【为害状】

成虫和若虫刺吸果实和嫩梢，为害状与茶翅蝽相似。

【形态特征】

◆成虫：体长18～23毫米，背面黑褐色，散布不规则的黄色斑纹、点刻。触角黑色，第五节基部黄色（图3-11）。

◆卵：圆筒形，淡黄白色，横径约1.8毫米。

◆若虫：初龄若虫胸、腹部有许多红、黄、黑相间的横纹。2龄若虫腹背有6个红黄色斑点。

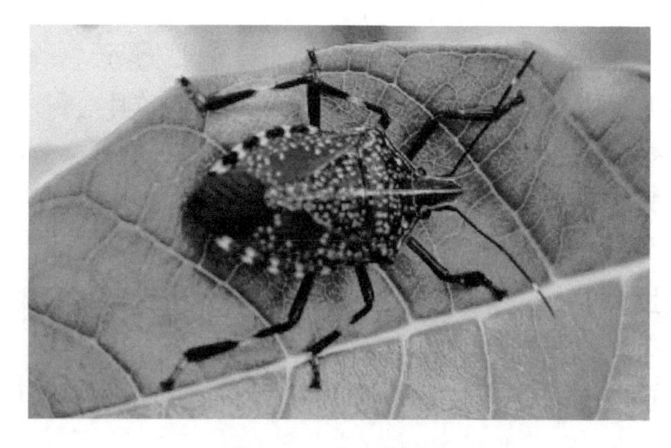

图3-11　麻皮蝽成虫

【发生规律】

1年发生2代，以成虫在向阳面的屋檐下墙缝间、果园附近阳坡山崖的崖缝隙内越冬。翌年3月底4月初始出，5月上旬至6月下旬交尾产卵。1代若虫5月下旬至7月上旬孵出，6月下旬至8月中旬羽化成虫。2代卵期在7月上旬至9月上旬；7月下旬至9月上旬孵化为若虫，8—10月下旬羽化为成虫。

【防治方法】

（1）人工防治。成虫越冬期进行捕捉；为害严重区可采用果实套袋防止果实受害。

（2）药剂防治。以卵孵化期和若虫期进行药剂防治效果较好，药剂可使用26%氯氟·啶虫脒水分散粒剂3 000～4 000倍液或1.8%阿维菌素乳油2 000～4 000倍液或20%阿维·杀螟松乳剂1 000～1 500倍液等。

九、白星花金龟（Liocola bevitarsis Lewis）

白星花金龟子又名白星花潜，俗称瞎撞子，属鞘翅目，花金龟科。

【为害状】

以成虫食害成熟的果实，也可食害幼嫩的芽、叶。

【形态特征】

◆成虫：体长20～24毫米。全体暗紫铜色，有绿色或紫色闪光，体背面较扁平，前胸背板和鞘翅有不规则的白斑10多个（图3-12）。

◆卵：圆形至椭圆形，乳白色，长1.7～2毫米，同一雌虫所产卵，大小也不尽相同。

◆幼虫：老熟幼虫体长2.4～3.9毫米，体柔软肥胖而多皱纹，弯曲呈“C”形。头部褐色，腹末节膨大，肛腹片上的刺毛呈倒“U”形，每行刺毛数19～22枚（图3-13）。

图3-12 白星花金龟成虫

图3-13 白星花金龟幼虫

【发生规律】

1年发生1代，以幼虫在土中越冬。成虫在6—9月发生，喜食成熟的果实，常数头或十余头群集果实、树干烂皮等处吸食汁液，稍受惊动即迅速飞逃。成虫对糖醋有趋性。7月成虫产卵于土中。

【防治方法】

（1）诱杀。利用成虫的趋化性，进行糖醋诱杀。

（2）捕杀。幼虫多数集中在腐熟的粪堆内，可在6月前，成虫尚未羽化时，将粪堆加以翻倒或施用，捡拾其中幼虫及蛹，可消灭大部分。

（3）土壤处理。利用成虫入土习性，进行土壤药剂处理，使用10.5%阿维·噻唑膦颗粒剂，每亩撒施1 500～2 500克。

（4）药剂防治。幼虫期使用26%氯氟·啶虫脒水分散粒剂3 000～4 000倍液或1.8%阿维菌素乳油2 000～4 000倍液或5%氯虫苯甲酰胺悬浮剂1 500～2 000倍液等喷雾防治。

十、金环胡蜂（Vespa mandarinia Sm.）

金环胡蜂俗称人头蜂、大胡峰。属膜翅目，胡峰科。全国大部分省区都有分布。

【为害状】

以成虫啃食成熟的水果，吸取糖分，残留果皮、果核。

【形态特征】

◆成虫：雌蜂体长40毫米左右，工蜂体长25毫米。雌蜂体黑褐色，头橙黄色，触角暗褐色，翅半透明。雄蜂较小（图3-14）。

◆卵：白色，长椭圆形，长1～2毫米，附着蜂巢内。

◆幼虫：白色，老幼虫15毫米，体肥胖，无足，头小，口器红褐色，体侧有刺突。

◆蛹：裸蛹，白色，羽化前变黑褐色，固定蜂内。

图3-14　金环胡蜂成虫

【发生规律】

在墙缝等处越冬，翌春晚霜过后，于4月下旬开始作巢，同时产卵。7月中旬起，先为害早熟、中熟桃。10月中下旬以后温度降低，逐渐减少。啮食多在白天，大量为害在10:00—13:00，鸟、虫伤果最易招引胡蜂为害，充分成熟的果实也可直接啮食。

【防治方法】

（1）驱除蜂巢。把果园附近2～3里内蜂巢，在果实成熟前及早驱除掉，是防治胡蜂为害的最根本方法。在晚上，可用竹竿绑草把烧蜂巢，或用纱布网袋捅蜂巢。在处理蜂巢时，要注意人身安全。

（2）诱杀法。采用红糖、蜂蜜和水（1∶1∶15）加0.4红砒，配成诱集液，也可用烂果汁液代替糖、蜜液。把诱杀液盛放在碗内、广口瓶内，挂在成熟的水果树上，一个诱集瓶1天可诱杀数十头至百余头胡蜂。

（3）药剂防治。成虫发生期使用1.8%阿维菌素乳油2 000～4 000倍液或25%乙基多杀菌素水分散粒剂3 000倍液或40%氯虫·噻虫嗪水分散粒剂4 000～5 000倍液等喷雾。

十一、桃仁蜂（Eurytoma malslovskii Nikolskaya）

桃仁蜂属膜翅目，广肩小蜂科。主要分布在山西、辽宁和山东等省。

【为害状】

成虫产卵于幼果胚珠（桃仁）内，幼虫终生于桃仁内蛀食，以致桃果成为灰黑色的僵果而脱落，也有少数被害果残留枝上，直至来年桃树开花结果后仍不落地。被害果常被误认为褐腐病果，被统称为“僵桃”。两者区别：桃褐腐病引起的僵桃，果肉常较肥厚，果实干缩后果肉皱缩，僵果表面显著凹凸不平。桃仁蜂为害所造成的僵桃，果瘦少肉，果面无显著凹凸不平现象。

【形态特征】

◆成虫：雌雄异型。雌虫体长7～8毫米，黑色，前翅透明带褐色，后翅无色透明。头、胸部密布刻点和白色细毛，触角膝状，周生白色细毛。雄虫体长6毫米左右，除触角和腹部外，其他特征同雌虫（图3-15）。

◆卵：长椭圆形略变曲，长径0.35毫米，短径0.15毫米，乳白色，近透明。

◆幼虫：老熟时体长6～7毫米，乳白色，纺锤形略扁，两端向腹面弯曲。无足，头小淡黄色，大部缩入前胸内（图3-16）。

◆蛹：体长与成虫相似，略呈纺锤形，初乳白色，渐变黄褐色，羽化前黑色。

图3-15　桃仁蜂成虫

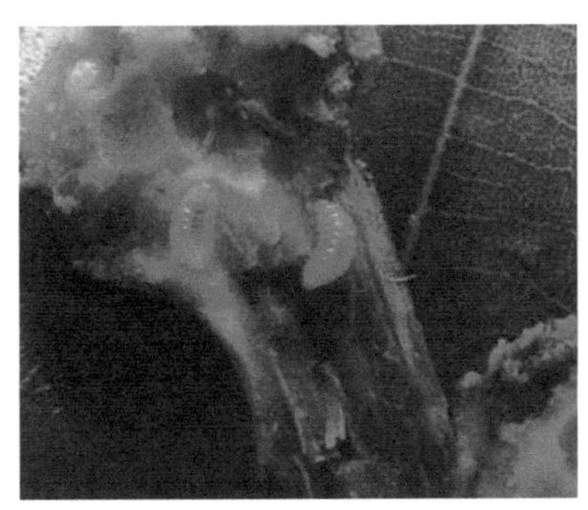

图3-16　桃仁蜂幼虫

【发生规律】

每年发生1代，以老熟幼虫在被害果核内越冬。越冬幼虫4月中旬开始化蛹，4月下旬至5月初为化蛹盛期，蛹期15天左右。成虫于5月中下旬盛发，产卵于幼果内，卵期7天左右。幼虫孵化后即在桃仁内蛀食，至7月中下旬老熟，即在果核内越冬。

【防治方法】

（1）人工防治。秋季至春季桃树萌芽前后，彻底清理桃园，认真清除地面和树上被害果，集中深埋或销毁。

（2）药剂防治。结合防治其他病虫，于成虫发生期使用1.8%阿维菌素乳油2 000～4 000倍液或25%乙基多杀菌素水分散粒剂3 000倍液或40%氯虫·噻虫嗪水分散粒剂4 000～5 000倍液等喷雾。

十二、桃红颈天牛（Aromia bungii Fald）

桃红颈天牛俗称铁炮虫，属于鞘翅目，天牛科。全国大部分省区都有分布，为害桃、李、杏、梅和樱桃等核果类果树。

【为害状】

以幼虫钻蛀为害桃树枝干，在枝干内形成蛀道，造成树干中空，皮层脱离。表皮下有排粪孔，排出大量红褐色木屑状粪便（图3-17）。由于破坏了木质部和韧皮部，常引起树势急剧衰弱，甚至枯死。

图3-17　桃红颈天牛从蛀孔排出虫粪

【形态特征】

◆成虫：体长28～37毫米，黑色。前胸背面棕红色（即所谓的红颈），有光泽，两侧各有1刺突，背面有4个瘤状突起。触角丝状，蓝紫色（图3-18）。

◆幼虫：体长50毫米，黄白色。前胸背板扁平方形，前缘黄褐色，中间色淡。

图3-18　桃红颈天牛成虫

【发生规律】

华北地区2～3年发生1代，以幼虫在树干蛀道内过冬。来年春越冬幼虫恢复活动，在皮层下和木质部钻蛀不规则的隧道，并向蛀孔外排出大量红褐色虫粪及碎屑，堆满树干基部地面，5—6月为害最烈，严重时树干全部被蛀空而死。

【防治方法】

（1）人工捕杀。夏季成虫出现期，捕捉成虫；幼虫孵化后，经常检查枝干，发现虫粪时，将皮下的小幼虫用铁丝钩杀。

（2）虫孔施药。有新鲜虫粪排出蛀孔外时，清洁一下排粪孔，将磷化铝毒签塞入蛀孔内，或用注射器向孔内注入80%敌敌畏乳油5～10倍液，然后取黄泥封实蛀孔。

（3）树干涂白。成虫产卵前，在树干和主枝上涂白涂剂（生石灰10份，硫黄1份，食盐0.2份，普油0.2份，水40份），防止成

虫产卵。

（4）生物防治。用注射器把昆虫病原线虫悬浮液灌注入蛀孔内，使线虫寄生天牛幼虫。

十三、桃绿吉丁虫（Lampra bellua Lewis）

桃绿吉丁虫又名缘绿吉丁，俗称板头虫，属鞘翅目，吉丁甲科；为害桃、杏、梨等。

【为害状】

幼虫在枝干皮层与木质部间蛀食，其间形成纵向长蛀道，蛀道内充满木屑和虫粪。受害枝干外表不明显，但常可看到羽化孔。后期受害树皮常纵裂，植株枯死。

【形态特征】

◆成虫：体长13～17毫米，宽5毫米。全体绿色，带蓝色闪光。体扁平，鞘翅上布有黑色短纵斑略呈5纵列（图3-19）。

◆卵：椭圆形，黄褐色。

◆幼虫：体长30～36毫米，扁平，淡黄白色。前胸扁平宽大，腹部细长，分节明显。

图3-19　桃绿吉丁虫成虫

【发生规律】

每1～2年发生1代，以幼虫在树皮下蛀道内越冬。翌年桃树萌芽时开始活动为害，3—4月在木质部做蛹室化蛹。成虫5—6月开始羽化。成虫白天活动，产卵于树干粗糙的皮缝和伤口处，每雌产卵20～100粒。幼虫孵化后，先在皮层蛀食，逐渐深入皮层下，围绕树干串食，常造成整枝或整株枯死。8月以后，蛀入木质部，秋后在蛀道内越冬。

【防治方法】

（1）加强树体管理。清除枯死树，避免树体伤口和粗皮，减少虫源，增强树势。

（2）树干涂白、刷药。成虫产卵前，在树干涂白，阻止产卵；幼虫为害时期，树皮变黑，极易识别，可用26%氯氟·啶虫脒水分散粒剂100倍液或1.8%阿维菌素乳油50倍液刷干，毒杀幼虫。

（3）用刀纵割树干。检查幼虫为害枝干，用嫁接刀在被害处顺树干纵划2～3刀，阻止树体被虫环割，避免整株枯死，并可杀死其中幼虫。

十四、桃小蠹（Scolytus seulenis Muraysna）

桃小蠹又名桃小蠹干、多毛小蠹虫、属鞘翅目、小蠹甲科；为害桃、杏等核果类果树。

【为害状】

成虫喜于衰弱枝干的皮层蛀孔，于韧皮布与木质部间蛀母坑道取食，幼虫于母坑道两侧横向蛀食子坑道，常造成枝干枯死。

【形态特征】

◆成虫：长4毫米，体黑色，鞘翅暗褐色，有光泽。头部短小，触角锤状。体密布刻点，鞘翅上有纵刻点列（图3-20）。

◆卵：椭圆形，约1毫米，乳白色。

◆幼虫：体长4～5毫米，肥胖，略向腹面弯曲，乳白色，头较小，黄褐色（图3-21）。

◆蛹：裸蛹，体长4毫米，初乳白色，后渐变深色，羽化前同成虫体色。

图3-20　桃小蠹成虫

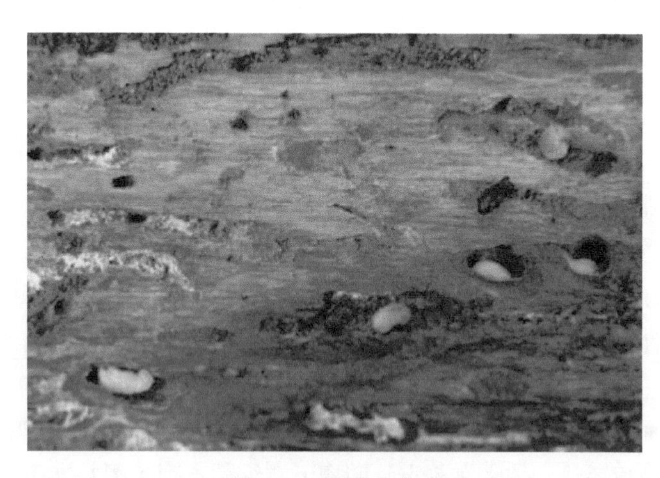

图3-21　桃小蠹幼虫

【发生规律】

1年1代，以幼虫于坑道内越冬。翌年春老熟于子坑道端蛀圆筒形蛹室化蛹。羽化后咬圆形羽化孔爬出。6月间成虫出现，配对、交尾、产卵，多选择衰弱的枝干上蛀入皮层，于韧皮部与木质部间蛀纵向母坑道，并产卵于母坑道两侧。孵化后的幼虫分别在母坑道两侧横向蛀子坑道，略呈“非”字形，初期互不相扰近于平行，随虫体增长坑道弯曲或混乱交错。秋后以幼虫于坑道端越冬。

【防治方法】

（1）加强管理。彻底清除有虫枝和衰弱枝，集中处理；增强树势，可减少发生为害。

（2）药剂防治。成虫出现时，喷布树干、树枝，可选用26%氯氟·啶虫脒水分散粒剂3 000～4 000倍液或1.8%阿维菌素乳油2 000～4 000倍液或40%氯虫·噻虫嗪水分散粒剂4 000～5 000倍液等喷雾防治，半月喷1次，喷2～3次。

十五、桃球坚蚧（Didesmococcus koreanus Borchs.）

桃球坚蚧又名朝鲜球坚蚧、桃球蚧、杏球坚蚧，属于同翅目，蚧科，我国分布广泛，主要为害桃、杏、李、梅等核果类果树。

【为害状】

若虫及雌成虫群集固着在枝干上，终生吸食寄主汁液。受害后，寄主生长不良，树势衰弱，受害严重的寄主枯死。

【形态特征】

◆成虫：雌成虫体呈半球形，后端直截，前端和身体两侧的下方弯曲，直径3～4.5毫米，高3.5毫米。初期介壳质软，黄褐色，后期硬化，红褐色至黑褐色，表面皱纹不明显，体背面有纵列点刻3～4行。腹面与枝接合处有白色蜡粉。雄成虫介壳长扁圆形，长约2厘米，蜡质表面光滑。近化蛹时，介壳与虫体分离（图3-22）。

图3-22 桃球坚蚧成虫

◆卵：椭圆形，长约0.3毫米，粉红色，半透明，附着一层白色蜡粉。

◆若虫：初孵时，体椭圆形，背面隆起，体长约0.5毫米，淡粉红色，腹部末端有两条细毛，活动力强。固着后的若虫体背覆盖丝状蜡质物。越冬后的若虫，体长2毫米，体表有黑褐色相间的横纹（图3-23）。

◆蛹：裸蛹，体长1.8毫米，赤褐色，腹末有1黄褐色的刺状突。

图3-23 桃球坚蚧若虫

【发生规律】

1年发生1代，以2龄若虫固着在枝条上越冬。第二年3月上旬、中旬开始活动，从蜡堆里的蜕皮中爬出，另找固着地点，群居在枝条上为害。取食后身体逐渐长大，不久便发育分化为雌、雄性。雌性若虫于3月下旬又蜕皮1次，体背逐渐膨大成球形。雄性若虫于4月上旬分泌白色蜡质形成介壳，再蜕皮化蛹其中，4月中旬开始羽化为成虫。4月下旬到5月上旬雄成虫羽化并与雌成虫交尾。5月上旬雌成虫产卵于体下，5月中旬为若虫孵化盛期，初孵化若虫固定后，身体稍长大，两侧分泌白色丝状蜡质物，覆盖虫体表面。6月中旬后蜡丝又逐渐溶化白色蜡层。

桃球坚蚧的重要天敌是黑缘红瓢虫，其成虫、幼虫皆捕食蚧的若虫和雌成虫。

【防治方法】

（1）清园消杀。冬剪后至发芽前，喷波美5度石硫合剂或5%柴油乳剂，喷布均匀周到。

（2）生物防治。注意保护天敌，尽量不喷或少喷广谱性杀虫剂。

（3）药剂防治。5月中下旬若虫孵化盛期喷25%噻嗪酮可湿性粉剂1 000～1 500倍液或22%氟啶虫胺腈悬浮剂5 000～6 000倍液或22.4%螺虫乙酯悬浮剂4 000～5 000倍液等。

十六、桑白蚧（Pseudaulacaspis pentagona Targioni）

桑白蚧又名桑盾蚧、桑介壳虫、桃介壳虫等。属于同翅目，盾蚧科。在我国分布广泛，为害严重，主要为害桃、苹果、梨、杏、李、梅、樱桃等果树。

【为害状】

以雌成虫和若虫群集固着在枝干上吸食汁液，偶有在果实和叶片上为害的，以2～3年生枝受害最重。严重时介壳密集重叠，枝条表面凹凸不平，削弱树势，甚至全株死亡。一旦发生，不加有效地防治，3～5年可将桃园损毁。

【形态特征】

◆成虫：雌成虫宽卵圆形，橙黄或橘红色，体长1毫米左右，头部为褐色三角形状。体表覆盖灰白色近圆形蜡壳，壳长2～2.5毫米，略隆起有螺旋纹（图3-24）。雄虫体长0.65～0.7毫米，橙色至橘红色，体略呈长纺锤形，介壳长约1毫米，细长白色。

◆卵：椭圆形，初产淡粉红色，渐变淡黄褐色，孵化前为杏红色。

◆若虫：初孵若虫淡黄褐色，扁卵圆形，体0.3毫米左右。

图3-24　桑白蚧

【发生规律】

浙江1年3代，以受精雌成虫在枝条上越冬，第二年桃芽萌动后开始吸食枝条汁液。各代若虫发生期为：第一代4—5月，第二代6—7月，第三代8—9月。

红点唇瓢虫是桑白蚧的主要捕食性天敌，应加以保护。

【防治方法】

同桃球坚蚧。

十七、蚱蝉（Cryptotympana pustulata Fabricius）

蚱蝉又名知了，属同翅目，蝉科。全国大部分省区都有发生，为害桃、杏、梨、李、葡萄等多种果树。

【为害状】

雌成虫在当年生枝梢上连续刺穴产卵，呈不规则螺旋状排列，使枝梢皮下木质部呈斜线状裂口，造成上部枝梢干枯死亡。

【形态特征】

◆成虫：体长40 ~ 48毫米，全体黑色，有光泽。头的前缘及额顶各有黄褐色斑一块。前后翅透明（图3-25）。雄虫有鸣器。

◆卵：长椭圆形，长约2.5毫米，乳白色，有光泽。

◆若虫：黄褐色，有光泽，具翅，前足发达，能爬行。

图3-25　蚱蝉成虫

【发生规律】

4年或5年发生1代，以卵和若虫分别在被害枝内和土壤中越冬。越冬卵于6月中旬、下旬开始孵化，7月初结束。雌虫7—8月先刺吸树木汁液，进行一段补充营养后交尾产卵，多选择嫩梢产卵，产卵时先用腹部产卵器刺破树皮，然后产卵于木质部内，产卵孔排列成一长串，每卵孔内有卵5～8粒，一枝上常连产百余粒。

【防治方法】

（1）剪除枯梢。秋季剪除产卵枯梢，冬季结合修剪，再彻底剪净产卵枝，并集中销毁。

（2）诱捕成虫。成虫发生期，于晚间在树行间点火，摇动树干，诱集成虫扑火自焚。

（3）阻止若虫上树。成虫羽化前在树干绑1条3～4厘米宽的塑料薄膜带，拦截出土上树羽化的若虫，傍晚或清晨进行捕捉消灭。

（4）药剂防治。5—7月若虫集中孵化时，在树下土壤撒施1.5%辛硫磷颗粒剂每亩5千克或10.5%阿维·噻唑膦颗粒剂每亩1.5～2.5千克；也可地面喷施50%辛硫磷乳剂800倍液或22%氟啶虫胺腈悬浮剂1 000倍液，然后浅锄，可有效防治初孵若虫。

十八、大青叶蝉（Cicadella viridis Linne）

大青叶蝉属同翅目，叶蝉科，又名青叶跳蝉、大绿浮尘子。在全国各地普遍发生，为害桃、梨、苹果、海棠、柑橘、山楂等多种果树。

【为害状】

以成虫产卵为害。成虫于秋末将卵产在幼树枝干的皮层内，产卵前先用产卵管割开寄主的表皮，外观呈月牙形，然后在内排卵。由于成虫在枝干上群集活动，产卵密度较大，来年春季若虫孵化后，造成被害树枝遍体伤，再经冬春寒冷、干旱或大风，使幼树大量失水，导致枝干枯死，严重时可全株死亡。

【形态特征】

◆成虫：雌虫体长9～10毫米，雄虫体长7～8毫米，全体黄绿色。头部橙黄色，两面颊微青，左右各有一黑斑（图3-26）。

◆卵：长椭圆形，长径约1.6毫米，微弯曲，一端稍尖。初产时乳白色，近孵化时黄白色。

◆若虫：老熟若虫体长6～7毫米，与成虫似，但无翅，只有翅芽。

图3-26　大青叶蝉成虫

【发生规律】

以卵在树干、枝条表皮下越冬。翌年4月孵化为若虫，取食杂草、蔬菜、农作物等多种植物。成虫、若虫均喜栖息在潮湿窝风处，有较强的趋光性和趋绿性，并常群集为害。成虫、若虫日夜均可取食活动，产卵于寄主植物叶柄、枝条等组织内，刺破组织表皮成月牙形伤口。

【防治方法】

（1）合理间作。在新植和幼龄果园内，不宜种植秋菜、高粱、玉米等作物，以减少此虫的发生。

（2）人工防治。10月上中旬成虫产卵前，幼树枝干涂白，阻止其产卵。越冬卵量较大的果园，可用木棍挤压卵痕，消灭越冬卵。

（3）诱杀成虫。成虫发生期设置黑光灯诱杀，或在果园附近潮湿背风的地方预先种植小面积蔬菜，招引成虫聚集，再喷药消灭。

（4）药剂防治。发生量较大的果园，可使用25%噻嗪酮可湿性粉剂1 000～1 500倍液或21%噻虫嗪悬浮剂4 000～5 000倍液或22%氟啶虫胺腈悬浮剂5 000～6 000倍液等防治。

十九、黄尾毒蛾（Euproctis similis Fessly）

黄尾毒蛾属鳞翅目，毒蛾科。在全国大部分省区都有发生，为害桃、梨、杏、梅、柿等多种果树。

【为害状】

幼虫喜食新芽、嫩叶，将叶片食成缺刻或只剩叶脉。幼果受害处呈孔洞。

【形态特征】

◆成虫：体长13～15毫米，体、翅均为白色，触角羽毛状，腹末有金黄色毛。

◆卵：扁圆形，直径约1毫米，中央稍凹，灰黄色，数十粒排成块。

◆幼虫：老熟时体长30～40毫米，体黑色，背线红色（图3-27）。

◆蛹：褐色茧为灰白色，附有幼虫体毛。

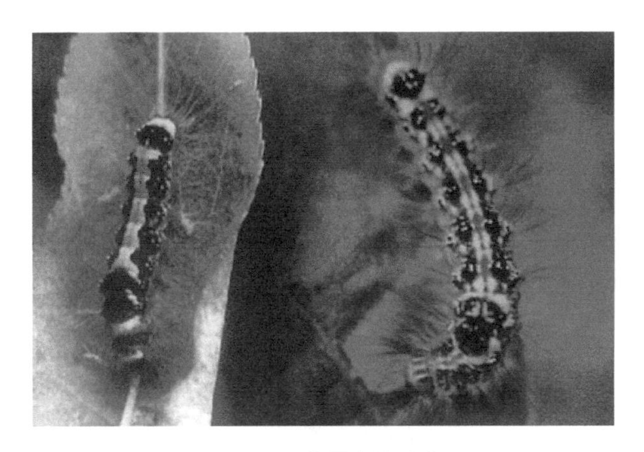

图3-27　黄尾毒蛾幼虫

【发生规律】

以3～4代低龄幼虫结灰白色茧在树皮裂缝或枯叶里越冬。翌春4月桃树发芽时，越冬幼虫出蛰为害，5月中旬至6月上旬作茧化蛹，6月上旬、中旬成虫羽化，在枝干上或叶背产卵，幼虫孵出后群集为害。

【防治方法】

（1）冬季清园。冬季结合刮树皮，杀灭越冬幼虫。

（2）人工捕杀。幼虫为害期，人工捕杀。

（3）药剂防治。6—7月发生数量多时喷药防治，常用药剂有25%乙基多杀菌素水分散粒剂3 000倍液、2.5%高效氯氟氰菊酯微乳剂1 500倍液、1.8%阿维菌素乳油2 000～4 000倍液、或用5%高氯·甲维盐微乳剂2 000倍液等。

二十、桃剑纹夜蛾（Acronycta incretata Hampson）

桃剑纹夜蛾又名苹果剑纹夜蛾，属鳞翅目，夜蛾科。全国各地普遍分布，为害桃、梨、苹果等果树。

【为害状】

小幼虫啃食叶片下表皮成纱网状，大幼虫取食叶片成孔洞和缺刻。

【形态特征】

◆成虫：体长18～22毫米。前翅灰色，有3条黑色剑状纹，一条在翅基部呈树枝状，两条在端部，翅外缘有一列黑点（图3-28）。

图3-28　桃剑纹夜蛾成虫

◆卵：表面有纵纹，黄白色。

◆幼虫：体长约40毫米，体背一条橙黄色纵带，两侧每节有一对黑色毛瘤（图3-29）。

图3-29　桃剑纹夜蛾幼虫

◆蛹：体长9～20毫米，棕褐色，有光泽。

【发生规律】

1年发生2代，以蛹在地下土中或树洞、裂缝中作茧越冬。越冬代成虫发生期在5月中旬到6月上旬，第一代成虫发生期在7—8月。卵散产在叶片背面叶脉旁或枝条上。

【防治方法】

同黄尾毒蛾。

二十一、桃天蛾（Marumba gaschkewitschi Bremer et Grey）

桃天蛾属鳞翅目，天蛾科。在全国各地都有发生，为害桃、杏、李、枇杷、樱桃等。

【形态特征】

◆成虫：体长36～46毫米，翅展84～120毫米。体、翅灰褐色（图3-30）。

◆卵：椭圆形，初产绿色，有光泽，长1.5毫米，散产。

◆幼虫：老熟幼虫体长80余毫米，黄绿色，头小三角形，体表生有黄白色颗粒，胸部两侧有颗粒组成的侧线，腹部每节有黄白色斜条纹（图3-30）。

◆蛹：长45毫米，黑褐色，尾端有短刺。

【发生规律】

浙江省1年发生2代。以蛹在土壤中越冬，翌年5月中旬至6月中旬成虫羽化。成虫有趋光性，多在晚间活动。卵散产于枝干阴暗处或枝干裂缝内，有的产在桃叶上。第一代幼虫在5月下旬至7月发生为害，6月下旬开始入土化蛹，7月下旬出现第一代成虫，7月下旬至8月上旬第二代幼虫开始为害。

图3-30 桃天蛾成虫和幼虫

【防治方法】

（1）清除虫源。秋冬季结合土壤深翻，消灭越冬虫蛹。

（2）灯光诱杀。安装杀虫灯，诱杀成虫。

（3）药剂防治。发生严重时，幼虫期可喷35%氯虫苯甲酰胺水分散粒剂8 000倍液、或用2.5%高效氯氟氰菊酯微乳剂1 500倍液、或用1.8%阿维菌素乳油2 000～4 000倍液、或用5%高氯·甲维盐微乳剂2 000倍液等。

二十二、桃潜叶蛾（Lyonetia clerkella L）

桃潜叶蛾又名桃潜蛾，属鳞翅目，潜叶蛾科。全国大部分省区都有发生，为害桃、杏、李、樱桃、苹果和梨等果树。

【为害状】

以成虫产卵于叶背面表皮内，幼虫孵化后在叶肉内蛀食呈弯曲隧道，有的似同心圆状蛀道，虫斑常枯死脱落成孔洞。有的呈线状，也常破裂，粪便充塞蛀道内，致使叶片破碎干枯脱落。

【形态特征】

◆成虫：体长3毫米，翅展6毫米，成虫体色在夏季和冬季不同，冬型成虫前翅灰褐色，夏型成虫前翅银白色。触角丝状，黄褐色。头顶丛生一撮白色冠毛。前翅狭长、翅端尖细。后翅灰色，缘毛长（图3-31）。

◆卵：扁椭圆形，无色透明，卵壳极薄而软，长0.3毫米。

◆幼虫：体长6毫米，胸部淡绿色，体稍扁。有黑褐色胸足3对（图3-32）。

◆茧：扁枣形，白色，茧两侧有长丝粘于叶上。

图3-31　桃潜叶蛾成虫

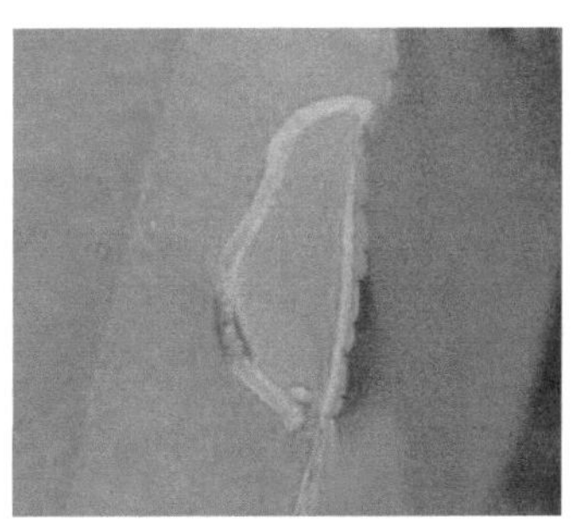

图3-32　桃潜叶蛾幼虫

【发生规律】

每年发生约7代，以成虫在桃园附近的梨树、杨树等树皮缝内及落叶、杂草、石块下过冬。翌年4月桃展叶后，成虫羽化，夜间活动，产卵于叶下表皮内。幼虫孵化后，在叶组织内潜食为害，串成弯曲隧道，叶的表皮不破裂，可由叶面透视。叶受害后枯死脱落。幼虫老熟后在叶内吐丝结白色薄茧化蛹。5月上中旬发生第一代成虫，以后每月发生1代，最后1代发生在11月上旬。

【防治方法】

（1）清除虫源。冬季结合清园，扫除落叶销毁，消灭越冬蛹。

（2）药剂防治。成虫发生期，可使用25%灭幼脲悬乳剂1 500～2 000倍液或1.8%阿维菌素乳油2 000～4 000倍液、或用20%阿维·杀螟松乳剂1 000～1 500倍液等。

二十三、桃蚜［Myzus persicae（Sulzer）］

桃蚜又名烟蚜、菜蚜。属同翅目，蚜科。在全国各地广为分布，为害桃、杏、李，十字花科蔬菜及堰、麻等百余种作物。

【为害状】

成虫、若虫群集芽、叶、嫩梢上刺吸汁液，被害叶向背面不规则的卷曲皱缩，排泄蜜露诱致煤污病发生，污染叶片和果面，并传播病毒病。

【形态特征】

◆成虫：有2种形态，即有翅蚜和无翅胎生雌蚜。有翅成蚜体长1.6～2.1毫米，翅限6.6毫米，头胸部、腹管、尾片均黑色，腹部淡绿、黄绿、红褐至褐色变异较大。无翅成蚜身体黄绿色或褐色，卵圆形，体长2毫米左右，触角黑色长丝状（图3-33）。

◆卵：长椭圆形，长0.7毫米，初淡绿，后变黑色。

◆若虫：形态似无翅胎生雌蚜，淡粉红色，虫体较小（图3-34）。

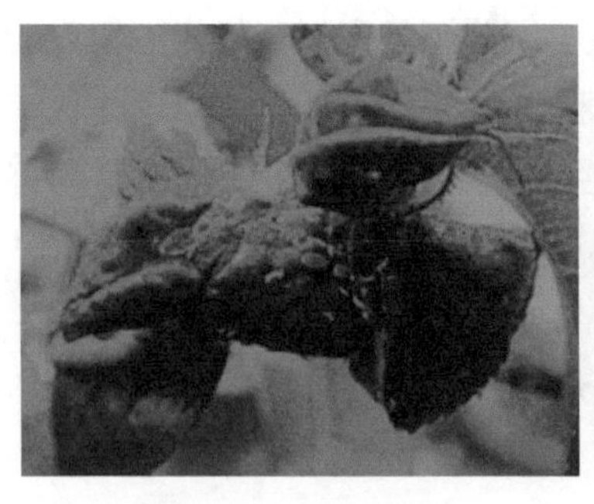

图3-33　桃蚜成虫

图3-34　桃蚜若虫

【发生规律】

1年发生10余代，南方1年可发生20～30代，生活周期类型属侨迁式。以卵在桃、李、杏等的芽腋、裂缝，小枝杈等处越冬，桃树萌芽时，卵开始孵化，后群集芽上为害，展叶后迁移到叶背和嫩梢上为害、繁殖，陆续产生有翅胎生雌蚜，可迁飞到附近蔬菜、杂草上为害。10月又迁回桃树，产生性蚜，交配后产卵越冬。一年中以5—6月繁殖最快，为害最盛。

【防治方法】

（1）加强果园管理。结合冬季修剪，剪除被害枝梢，集中销毁。

（2）合理配置树种。在桃树行间或果园附近，不宜种植烟草、白菜等农作物、以减少蚜虫的夏季繁殖场所。

（3）生物防治。蚜虫的天敌很多，有瓢虫、食蚜蝇、草蛉、寄生蜂等，对蚜虫抑制作用很强，要尽量少喷洒广谱性杀虫剂，同时要避免在天敌多的时期喷洒。

（4）药剂防治。春季卵孵化后，桃树未开花和卷叶前，及时喷雾70%吡虫啉水分散颗粒8 000倍液或22%氟啶虫胺腈悬浮剂5 000～6 000倍液、或用22.4%螺虫乙酯悬浮剂4 000～5 000倍液均有良好效果。花后至初夏，根据虫情再喷药1～2次。

二十四、桃纵卷瘤蚜［Tuberocephalus momonis（Matsumura）］

桃纵卷瘤蚜又名桃瘤头蚜、属同翅目蚜科。全国各地均有分布，主要为害桃、杏、李、樱桃、梅等核果类果树。

【为害状】

成虫、若虫群集叶背刺吸汁液，致叶缘向背面纵卷成管状，卷起处组织肥厚、凹凸不平，初淡绿，后呈桃红色。严重时全叶卷曲很紧似绳状，最后干枯、脱落（图3-35）。

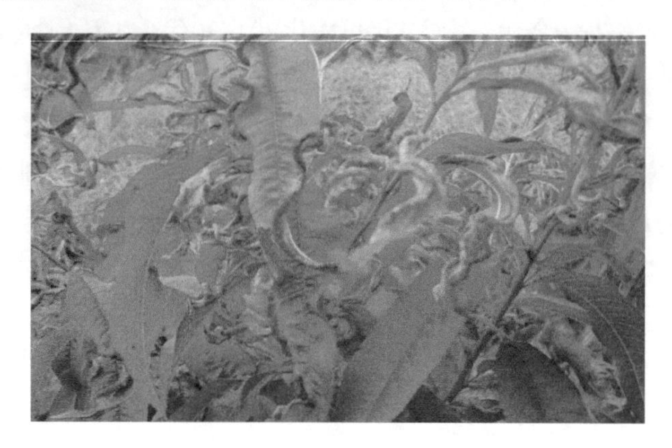

图3-35　桃纵卷瘤蚜为害状

【形态特征】

◆成虫：有2种形态，即有翅蚜和无翅胎生雌蚜。有翅成蚜体长1.8毫米，身体浅黄褐色，胸部黑色，头部额瘤明显。无翅成蚜身体黄绿色或黄褐色，长椭圆形，体长2毫米左右，头部及腹管黑色，头部额瘤明显。

◆卵：椭圆形，漆黑色，有光泽（图3-36）。

图3-36　桃纵卷瘤蚜卵

◆若蚜：形态与无翅成蚜相似，体较小，淡黄或浅绿色，头部和腹管深绿色。

【发生规律】

南方1年20～30代，生活周期类型属侨迁式。以卵在桃、樱桃等枝条的芽腋处越冬。3月中旬开始孵化，3～4天后即大发生，4月底产生有翅芽迁至夏寄主艾叶上，10月下旬重迁回桃树上为害繁殖，11月上旬产生有性蚜产卵越冬。谢花后的新梢生长期是为害盛期。天敌有瓢虫、草蛉、食蚜蝇、蚜茧蜂、蚜小蜂等。

【防治方法】

参考桃蚜。喷药最好在卷叶前进行，或喷洒内吸性强的药剂以提高防治效果。

二十五、桃粉蚜（Hyalopterus amygdali Blanchard）

桃粉蚜又名桃大尾蚜、桃粉绿蚜，属同翅目蚜科。全国各地均有分布，为害桃、李、杏、榆等。

【为害状】

成虫、若虫群集于新梢和叶背刺吸汁液，被害叶失绿并向叶背对合纵卷，卷叶内积有大量白色蜡粉，严重时叶片早落，嫩梢干枯（图3-37）。排泄蜜露常致煤污病发生。

【形态特征】

◆成虫：分有翅蚜和无翅胎生雌蚜两种形态。有翅成蚜体长约2毫米，头、胸部黑色，腹部淡绿、黄绿或橙绿色。无翅成蚜身体绿色，长椭圆形，体长2.3毫米，体表被有一层白色蜡粉，头与触角末端黑色。

◆卵：椭圆形，长0.6毫米，初黄绿，后变黑色，有光泽。

◆若蚜：形态与无翅成蚜相似，但体小，浅绿色，体上覆有少量白色蜡粉。

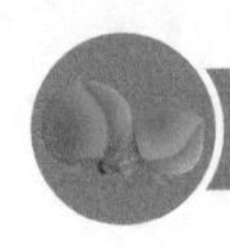

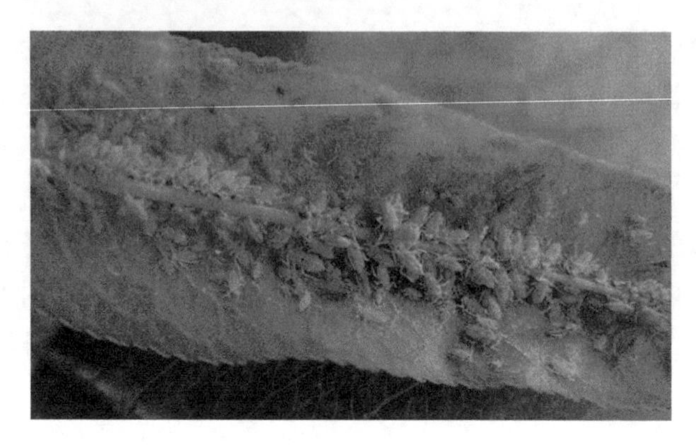

图3-37　桃粉蚜为害状

【发生规律】

1年发生10～20代，生活周期类型属侨迁式，以卵在杏等冬寄主的芽腋，裂缝及短枝杈处越冬，冬寄主萌芽时孵化，群集嫩梢、叶背为害繁殖。5—6月繁殖最盛为害严重，大量产生有翅胎生雌蚜、迁飞到夏寄主（禾本科等植物）上为害繁殖，10—11月产生有翅蚜，返回冬寄主上为害繁殖。

【防治方法】

参考桃蚜。由于桃粉蚜体表有蜡粉，药剂防治时可加入0.3%洗衣粉或有机硅，增加药液黏着性，提高防治效果。

二十六、小绿叶蝉[Empoasca flavescens（Fab.）]

小绿叶蝉又名桃一点叶蝉、桃小浮尘子，属同翅目、叶蝉科。全国大部分省区均有发生，为害桃、李、杏、梅、梨、葡萄等多种果树。

【为害状】

成虫、若虫刺吸芽、叶和枝梢的汁液，被害叶初期叶面出现黄白色斑点，渐扩成片，严重时全树叶片苍白早落。

【形态特征】

◆成虫：体长3.3～3.7毫米，淡黄绿至绿色。头顶钝圆，顶端有1个黑点，其外围有1个白色晕圈，故名桃一点叶蝉。前翅浅绿色、半透明，后翅无色、透明（图3-38）。

◆卵：长椭圆形，略弯曲，长径0.6毫米，短径0.15毫米，乳白色。

◆若虫：体长2.5～3.5毫米，与成虫相似。

图3-38　小绿叶蝉成虫

【发生规律】

1年生4～6代，以成虫在落叶、树皮裂缝、杂草或低矮绿色植物中越冬，翌春桃发芽后出蛰，飞到树上刺吸汁液，经取食后交尾产卵，卵多产在新梢或叶片主脉里。6月虫口数量增加，8—9月为害最重。秋后以末代成虫越冬，成虫、若虫喜白天活动，在叶背刺吸汁液或栖息。成虫善跳，可借风力扩散。

【防治方法】

（1）冬季清园。成虫出蛰前及时刮除翘皮，清除落叶及杂草，减少越冬虫源。

（2）药剂防治。掌握在越冬代成虫迁入果园后，各代若虫卵化盛期及时喷洒药剂，可选用25%噻嗪酮可湿性粉剂1 000～1 500倍液或22%噻虫·高氯氟悬浮剂3 000倍液或26%氯氟·啶虫脒水分散粒剂3 000～4 000倍液等。

二十七、黑绒金龟子（Maladera arienlalis Motschulsky）

黑绒金龟子又名东方金龟子、天鹅绒金龟子，属鞘翅目，鳃金龟科。全国大部分省区均有发生，为害桃、李、杏、梅、梨、葡萄、山楂、樱桃等多种果树。

【为害状】

以成虫实害嫩芽、新叶和花朵。

【形态特征】

◆成虫：体长7～10毫米，体黑褐色，被灰黑色短绒毛（图3-39）。

◆卵：椭圆形，长径约1毫米，乳白色，有光泽。

◆幼虫：老熟幼虫体长约16毫米，头部黄褐色，胴部乳白色，多皱褶（图3-40）。

◆蛹：体长约6～9毫米，黄色，裸蛹，头部黑褐色。

图3-39　黑绒金龟子成虫

图3-40　黑绒金龟子幼虫

【发生规律】

1年发生1代，以成虫在土中越冬，翌年4月中出土活动，4月末至6月中旬为发生为害盛期。成虫在日落前后从土里爬出来，飞翔力较强，晚上飞到果园内取食为害，于9:00—10:00自动落地钻进土里潜伏，或飞往果园附近的土内潜伏。成虫有较强的趋光性，有假死习性，可采取震落方法捕杀。

【防治方法】

（1）诱杀成虫。对苗圃或新植果园，在成虫出现盛期，可于无风的15:00左右，用长约60厘米的杨、榆、柳枝条沾上80%敌百虫100倍液，分散安插在地里诱杀成虫。

（2）捕杀成虫。在成虫发生期，利用其假死习性于傍晚振落捕杀外，对于果树周围的其他树木也要进行捕杀，才能获得更好的效果。

（3）土壤处理。利用成虫入土习性，在树下撒施5%阿维·噻唑膦颗粒剂每亩2～3千克或1.5%辛硫磷颗粒剂每亩5千克，施后耙松表土，使部分入土的成虫触药中毒而死。

（4）药剂防治。成虫发生量大时，树上喷施5%氯虫苯甲酰胺悬浮剂1 500～2 000倍、或用1.8%阿维菌素乳油2 000～4 000倍液、或用22%氟啶虫胺腈悬浮剂5 000～6 000倍液等。

（5）灯光诱杀。利用成虫的趋光性，在成虫发生期可设置黑光灯诱杀。

二十八、桃粘叶蜂（Calivoa matsumotonis Harukawa）

桃粘叶峰又名樱桃粘叶蜂，属膜翅目，叶蜂科。全国大部分省区均有发生，为害桃、李、杏、梅、梨、山楂、樱桃等多种果树。

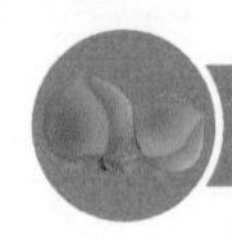

【为害状】

主要以幼虫为害叶片。低龄幼虫食害叶肉，仅残留表皮，幼虫稍大后取食叶片呈不规则缺刻与孔洞，严重发生时将叶片吃得残缺不齐，甚至仅残留叶脉，从而影响树体生长及树势。

【形态特征】

◆成虫：体粗短，长10～13毫米，宽5毫米，黑色，有光泽。头部较大，触角丝状，9节，上生细毛。复眼较大，暗红色至黑色，单眼3个，在头顶呈三角形排列。翅宽大、透明，微带暗色，翅脉和翅痣黑色。足淡黑褐色，跗节5节，前足胫节具端距2个。

◆幼虫：体长10毫米，黄褐至绿色。头近半球形，每侧单眼1个，其上部有褐色圆斑。体光滑，胸部膨大，胸足发达，腹足6对（图3-41）。

◆卵：绿色，略呈肾形，长1毫米，两端尖细。

图3-41　桃粘叶峰幼虫

【发生规律】

以老熟幼虫在土中结茧越冬。成虫于6月羽化出土，飞到树上交尾产卵，卵多产于嫩叶背面表皮下组织内。卵期10余天。幼虫孵化后破表皮而钻出，由叶缘向内取食，取食时多以胸、腹足抱持叶片，尾端常翘起。低龄幼虫食害叶肉，残留表皮，幼虫稍大后将叶片吃得残缺不齐，呈不规则缺刻与孔洞，或仅残留叶脉。一般7—8月幼虫为害最烈。幼虫于9月上旬老熟后入土结茧越冬。

【防治方法】

（1）农业措施。在春季、秋季对果园进行深翻或浅耕，可将越冬茧暴露地面，或埋人土壤深层，均可杀灭越冬幼虫。

（2）药剂防治。各代若虫卿化盛期及时喷洒25%噻嗪酮可湿性粉剂1 000～1 500倍液或22%噻虫·高氯氟悬浮剂3 000倍液或26%氯氟·啶虫脒水分散粒剂3 000～4 000倍液等。

参考文献

陈敬谊. 2016. 桃优质丰产栽培实用技术（杀菌剂卷）[M]. 北京：化学工业出版社.

侯慧锋. 2016. 果园新农药手册（杀菌剂卷）[M]. 北京：化学工业出版社.

邱强. 1994. 原色桃李梅杏樱桃病虫图谱[M]. 北京：中国科学技术出版社.

孙家隆，齐军山. 2014. 现代农药应用技术丛书（杀菌剂卷）[M]. 北京：化学工业出版社.

孙瑞红，李萍. 2017. 图说桃病虫害诊断与防治（杀菌剂卷）[M]. 北京：机械工业出版社.

汪景彦，崔金涛. 2018. 图说桃高效栽培关键技术（杀菌剂卷）[M]. 北京：机械工业出版社.